U0158897

# BIM 应用型人才培养模式的研究

付颖 著

延边大学出版社

图书在版编目（CIP）数据

BIM 应用型人才培养模式的研究 / 付颖著. -- 延吉：
延边大学出版社，2022.9
　　ISBN 978-7-230-03815-7

　　Ⅰ. ①B… Ⅱ. ①付… Ⅲ. ①建筑设计－计算机辅助
设计－应用软件－人才培养－培养模式－研究 Ⅳ.
①TU201.4

中国版本图书馆 CIP 数据核字(2022)第 167932 号

**BIM 应用型人才培养模式的研究**

------------------------------------------------------------

著　　者：付　颖
责任编辑：李　磊
封面设计：李金艳
出版发行：延边大学出版社
社　　址：吉林省延吉市公园路 977 号　　　邮　　编：133002
网　　址：http://www.ydcbs.com　　　E-mail：ydcbs@ydcbs.com
电　　话：0433-2732435　　　传　　真：0433-2732434
印　　刷：天津市天玺印务有限公司
开　　本：710×1000　1/16
印　　张：13
字　　数：200 千字
版　　次：2022 年 9 月 第 1 版
印　　次：2024 年 3 月 第 2 次印刷
书　　号：ISBN 978-7-230-03815-7

------------------------------------------------------------

定价：68.00 元

# 前　　言

建筑信息模型（Building Information Modeling, BIM）是在计算机辅助设计（CAD）等技术基础上发展起来的多维模型信息集成技术。BIM 能够应用于工程项目规划、勘察、设计、施工、运营、维护等各阶段，实现建筑全生命期各参与方在同一多维建筑信息模型基础上的数据共享，为产业链贯通、工业化建造和繁荣建筑创作提供技术保障；支持对工程环境、能耗、经济、质量、安全等方面的分析、检查和模拟，为项目全过程的方案优化和科学决策提供依据；支持各专业协同工作、项目的虚拟建造和精细化管理，为建筑业的提质增效、节能环保创造条件。BIM 不是一种事物或一种软件，而是一种人类活动，反映的是建设过程中各种信息的变化。BIM 正在改变建筑物的外观表达方式、运作方式和建造方式。BIM 代表了一种范式的转变，不仅对社会有着深远影响，也可使建筑物的建造能耗更少，并最大限度地降低劳动力成本和资本资源成本。

当前，BIM 技术已经成为国家信息技术产业、建筑产业发展的有力支撑和重要条件，它能给各产业带来社会效益、经济效益和环境效益。随着 BIM 技术不断得到应用、推广，越来越多的设计单位与施工企业，包括建筑行业内产业链上的其他企业都在广泛地应用 BIM 技术。

BIM 技术的广泛应用需要大量的专业人才，但目前我国的现状是 BIM 人才严重短缺,不能满足当前的社会需求。鉴于此,本书对 BIM 应用型人才培养模式进行研究,旨在为高校及时调整人才培养策略、制定符合社会需求的人才培养计划提供参考。

本书在内容的编排上,以 BIM 的基本理论为主线,以 BIM 应用型人才培养为目标,对 BIM 的研究及应用现状、BIM 应用型人才培养模式等进行了论述,具有较强的综合性和实践性。全书共分五章,第一章介绍了 BIM 的概念及 BIM 软件;第二章详细阐述了 BIM 的研究现状及应用现状;第三章对 BIM 应用型人才的素质要求与职业发展进行了论述;第四章介绍了 BIM 应用型人才培养模式的构建策略;第五章论述了 BIM 应用型人才培养与工匠精神。本书结构精练,内容丰富,将理论与实践有机地结合在了一起,具有一定的学术价值和实用价值。读者通过本书不但可以掌握关键的 BIM 技术,而且可以对 BIM 应用型人才培养的策略与模式有更全面和深入的了解。

本书可作为高等院校建筑专业参考用书,也可供从事 BIM 应用型人才培养研究的科研工作者参考使用。

付颖

2022 年 6 月

# 目　　录

# 第一章　BIM 概述

建筑信息模型（Building Information Modeling, BIM）是近年来在原有计算机辅助设计技术的基础上发展起来的一种多维模型信息集成技术，可实现建筑全生命期各参与方在同一多维建筑信息模型基础上的数据共享，为产业链贯通、工业化建造和繁荣建筑创作提供技术保障。下面将从 BIM 的基本认识、BIM 软件两个方面对 BIM 进行介绍。

## 第一节　BIM 的基本认识

### 一、BIM 的定义和特点

#### （一）BIM 的定义

BIM 在工程建设行业的信息化技术中并不是孤立存在的，人们耳熟能详的就有 CAD（计算机辅助设计）、CAE（计算机辅助工程）、GIS（地理信息系统）等。当 BIM 作为一个专有名词进入工程建设行业后，很快便引起了人们的关注，但人们对 BIM 的认识却各有不同。在众多关于 BIM 的定义中，有两种观点尤为引人注目：其一是把 BIM 等同于某一个软件产品，比如有观点认为 BIM 就是 Revit 或者 ArchiCAD；其二是认为 BIM 应该包括跟建设项目有关的所有信息，包括合同、人事、财务信息等。

目前，国内外关于 BIM 的定义或解释有多种版本。2009 年，美国知名企业麦格劳-希尔集团（McGraw-Hill）在名为"The Business Value of BIM"（BIM 的商业价值）的市场调研报告中对 BIM 进行了定义："BIM 是利用数字模型对项目进行设计、施工和运营的过程。"

相较而言，《美国国家建筑信息模型标准》对 BIM 的定义较为完整："BIM 是一个设施（建设项目）物理和功能特性的数字表达；BIM 是一个共享的知识资源，是一个分享有关这个设施的信息，为该设施从概念到拆除的全生命周期中的所有决策提供可靠依据的过程；在项目不同阶段，不同利益相关方通过在 BIM 中插入、提取、更新和修改信息，以支持和反映其各自职责的协同作业。"《美国国家建筑信息模型标准》由此提出 BIM 和 BIM 交互的需求都应该基于以下几方面。

一是一个共享的数字表达。

二是包含的信息具有协调性、一致性和可计算性，是可以由计算机自动处理的结构化信息。

三是基于开放标准的信息互用。

四是能以合同语言定义信息互用的需求。

在实际应用层面，从不同的角度，人们对 BIM 也会有不同的解读：应用到一个项目中，BIM 代表着信息的管理，信息被项目所有参与方共享，确保正确的人在正确的时间得到正确的信息；对于项目参与方，BIM 代表着一种项目交付的协同过程，定义各个团队如何工作，多少团队需要一块工作，如何共同去设计、建造和运营项目；对于设计方，BIM 代表着集成化设计，鼓励创新，优化技术方案，提供更多的反馈，提高团队水平。

美国 buildingSMART 联盟主席德克·史密斯（Deke Smith）在其著作中对 BIM 进行了通俗的解释，他将"数据—信息—知识—智慧"放在一个链条上，认为 BIM 本质上就是这样一个机制：把数据转化成信息，从而获得知识，让我们智慧地行动。理解这个链条是理解 BIM 价值及有效使用建筑信息的基础。

在 BIM 的动态发展链条上，业务需求（不管是主动的需求还是被动的需求）引发 BIM 应用，BIM 应用需要 BIM 工具和 BIM 标准，业务人员（专业人员）使用 BIM 工具和标准生产 BIM 模型及信息，BIM 模型和信息支持业务需求的高效、优质实现。

根据以上 BIM 的定义，结合相关文献及资料，可将 BIM 的定义总结为：BIM 是基于先进的三维数字设计和工程软件所构建的可视化的数字建筑模型，为设计师、建筑师、水电暖铺设工程师、开发商乃至最终用户等各环节人员提供模拟和分析功能的科学协作平台，帮助他们利用三维数字模型对项目进行设计、建造及运营管理，最终使整个工程项目在设计、施工和使用等各个阶段都能够有效地实现节约能源、节省成本、降低污染和提高效率的目的。

BIM 是一种技术、一种方法、一种过程，它不仅包含了工程项目全生命周期的信息模型，还包含作业人员的具体管理行为模型，通过 BIM 技术管理平台将两种模型进行整合，从而实现工程项目的集成管理应用。BIM 技术的出现将引发整个 AEC（Architectural, Engineering and Construction 的缩写，意思是建筑、工程和施工）行业的二次革命，给建筑业带来了巨大的变化。值得一提的是，类似于 BIM 的理念同期在制造业领域也被提出，并在 20 世纪 90 年代也已实现应用，推动了制造业的科技进步和生产力的提高。

可以从以下四个方面来理解 BIM 的定义。

第一，BIM 是一个建筑设施物理属性和功能属性的数字化描述，是工程项目设施实体和功能属性的完整描述。它基于三维几何数据模型，集成了建筑设施相关物理信息、功能要求和性能要求等参数化信息，并通过开放式标准实现信息互用。

第二，BIM 是一个共享的数据库，能实现建筑全生命周期的信息共享。基于这个共享的数字模型，工程的规划、设计、施工、运行、维护等各个阶段的相关人员都能从中获取他们所需要的数据。这些数据是连续、即时、可靠、一致的，能为该建筑从概念设计到拆除的全生命周期中所有计划和决策提供可靠依据。

第三，BIM 技术提供了一种应用于规划设计、智能建造、运营维护的参数化管理方法和协同工作过程。这种管理方法不仅能够实现建筑工程不同专业之间的集成化管理，还能够使工程项目在其建设的每个阶段管理效率都大大提高，最大限度地减少损失。

第四，BIM 也是一种信息化技术，它的应用需要信息化软件的支持。在项目的不同阶段，不同利益相关方通过 BIM 软件在 BIM 模型中提取、应用、更新相关信息，并将修改后的信息赋予 BIM 模型，以提高设计水平。

通常建筑业与其他标准化制造企业相比，工作效率较为低下，其中一个主要原因就是标准化、信息化、工业化程度较低。近年来，BIM 正以传统二维 CAD 模型应用为基础，快速成长为一种多维模型信息整合技术，它能够使工程的每个参与者从最初的项目方案设计一直到项目的使用年限终止，都可以通过项目模型使用信息。这就从本质上改变了工程管理者仅仅依据单一的符号文字和抽象的二维图纸进行工程项目管理的低效管理方法，大大提高了管理人员的工作效率。

BIM 以三维数字技术为基础，集成了建筑工程项目各种相关信息的工程数据模型。它提供的全新建筑设计过程概念——参数化变更技术，将帮助建筑设计师更有效地缩短设计时间，提高设计质量，提高客户或合作者的响应能力。设计师可以在任何时间、任何地点进行任何想要的修改，设计和图纸绘制始终保持协调、一致和完整。

BIM 不仅是强大的设计平台，更重要的是，BIM 的创新应用——体系化设计与协同工作方式的结合，将对传统设计管理流程和设计院技术人才结构产生革命性的影响。高成本、高专业水平的技术人员将从繁重的制图工作中解脱出来，专注于专业技术本身，而较低人力成本的、高软件操作水平的制图员、建模师、初级设计助理等将承担起大量的制图建模工作，并催生了一个庞大的群体——制图员（模型师），从而为大专院校的毕业生提供了就业机会。

## （二）BIM 的特点

BIM 是以建筑工程项目的各项相关信息数据为基础，建立起三维建筑模型，并通过数字信息模拟建筑物的真实信息。它具有可视化、协调性、模拟性、优化性、可出图性等几大特点。

### 1.可视化

将可视化技术真正运用到建筑业，作用是非常大的。例如，常规施工图纸上只能简单地显示建筑的构件信息，其真正的构造形式就需要建筑业参与人员去自行想象了。对于简单的建筑形式来说具有一定的可行性，但是近几年建筑业的建筑形式各异，复杂造型不断地出现，因此这种光靠人脑去想象的表现方式就有点不现实了。

BIM 为人们提供了可视化的思路，将以往线条式的构件变成三维的立体图形展示在人们面前。建筑业有时需要事先展示设计效果图，但是这种效果图是分包给专业的效果图制作团队来制作出的，并不是通过构件的信息自动生成的，同构件之间缺乏互动性和反馈性。BIM 的可视化可以实现同构件之间的良性互动和反馈。通过 BIM 技术的应用，整个设计过程都是可视化的，不仅可以用于效果图的展示及报表的生成，更重要的是，项目设计、建造、运营过程中的沟通、讨论、决策都可在可视化的状态下进行。

2.协调性

协调是建筑业的重要工作内容,不管是施工单位,还是业主或是设计单位,无不在做着协调及相互配合的工作。一旦项目在实施过程中遇到问题,就要将各有关人士组织起来开协调会,找出导致施工问题的原因,提出解决办法,及时调整,制定相应补救措施,最终解决问题。那么,只能在出现问题后才能进行协调吗?

在设计时,往往由于各专业设计师之间的沟通不到位,而出现各专业的碰撞问题。例如,在布置暖通管道时,由于施工图纸是各专业设计师绘制在各自的施工图纸上的,在真正的施工过程中,可能会碰到结构设计中的梁等构件妨碍管线的布置等问题,像这样的碰撞问题只能在问题出现之后再进行解决吗?答案是否定的,BIM 就可以帮助人们解决此类问题。BIM 可在建筑物建造前期对各专业的碰撞问题进行协调,生成协调数据,供各专业设计师参考。

BIM 的协调性还表现在其他方面。例如,电梯井布置与其他设计布置及空气净化要求的协调,防火分区与其他设计布置的协调,地下排水布置与其他设计布置的协调等。

3.模拟性

BIM 的模拟性并不是只体现在模拟设计出的建筑物模型,它还可以模拟一些很难在现实世界进行的实验。例如,在设计阶段,BIM 可根据设计需要进行模拟实验,如节能模拟、紧急疏散模拟、日照模拟、热能传导模拟等;在招投标和施工阶段，BIM 可根据施工的组织设计模拟实际施工过程，从而确定合理的施工方案；后期运营阶段，BIM 可模拟日常紧急情况的处理方式，如地震人员逃生模拟、消防人员疏散模拟等。

### 4.优化性

BIM 的优化性体现在人们可以在 BIM 的基础上进一步优化设计、施工、运营的过程。在建筑行业，系统优化受三种因素的制约：信息、复杂程度和时间。没有准确的信息，就得不出合理的优化结果。BIM 不仅能提供建筑物的实际信息，如几何信息、物理信息、规则信息等，还能提供建筑物变化以后的信息。如果事物太复杂，参与人员就很难掌握所有的信息，必须借助一定的设备和工具。BIM 及与其配套的各种优化工具为人们对复杂项目进行优化提供了可能。基于 BIM 的优化工作大致包括以下两方面。

一是项目方案优化。基于 BIM，人们可以把项目设计和投资回报分析结合起来，实时计算设计变化对投资回报的影响，这样业主在选择设计方案时就会更加客观、理性。

二是特殊项目的设计优化。现如今，到处可以看到异型设计的建筑，其工程量往往非常大，而且通常施工难度大，施工问题也比较多。基于 BIM 对这类建筑的设计施工方案进行优化可显著缩短工期，降低工程造价。

### 5.可出图性

基于 BIM 制作的并不是常见的建筑设计院制作的建筑设计图纸，或者一些构件加工的图纸，而是在对建筑物进行可视化展示、协调、模拟、优化之后，制造的综合管线图、综合结构留洞图、碰撞检查侦错报告和改进方案等。

目前，世界很多国家已经有比较成熟的 BIM 标准或者制度。BIM 要想在中国建筑市场获得顺利发展，必须将 BIM 和国内的建筑市场特色相结合，这样才能满足国内建筑市场的需求。可以预见，BIM 将会给国内建筑业带来新的技术变革。

## 二、BIM 出现的必然性

### （一）市场驱动的结果

恩格斯曾经说过，"社会一旦有技术上的需要，则这种需要就会比十所大学更能把科学推向前进"，作为正在快速发展和普及应用的 BIM 也不例外。

全球发达国家或高速发展中国家都加大了对基本建设的投资，包括规划、设计、施工、运营、维护、更新、拆除等，这是一笔巨大的投入。在过去的几十年间，得益于新的生产技术，航空、汽车、手机等行业的生产效率有了巨大的提高，全球工程建设行业面临的压力日益加大。20 世纪 90 年代以来，美国和欧洲一些国家进行了一系列旨在发现问题、解决问题、提高工作效率和质量的研究。

我国的生产效率与发达国家相比还存在不小的差距。如果按照美国建筑科学研究院的资料来进行测算，通过改进技术、提升管理水平，那么我国可以节约的建设投资将是十分惊人的。

BIM 正是这样一种技术，通过集成项目信息的收集、管理、交换、更新、存储过程和项目业务流程，为建设项目生命周期中的不同阶段、不同参与方提供及时、准确的信息，支持不同项目阶段之间、不同项目参与方之间，以及不同应用软件之间的信息交流和共享，以实现项目设计、施工、运营、维护质量和效率的提高，最终促进工程建设行业生产力水平的提升。

## （二）BIM 自身的优势

现代化、工业化、信息化是我国建筑业发展的三个方向，建筑业信息化可以划分为技术信息化和管理信息化两大部分：技术信息化的核心内容是建设项目的生命周期管理，企业管理信息化的核心内容则是企业资源计划。不管是技术信息化还是管理信息化，建筑业的工作主体都是建设项目本身，因此没有项目信息的有效集成，管理信息化的效益也很难保障。BIM 通过其承载的工程项目信息把其他技术信息化方法集成起来，从而成为技术信息化和管理信息化横向打通的桥梁。

麦格劳-希尔集团的一项调查结果显示，目前北美的建筑行业有一半的机构在使用 BIM 技术，或与 BIM 相关的工具。BIM 不仅可以用于单栋建筑设计，还可用于一些大型的基础设施项目，如土地规划、环境规划、水利资源规划等。在美国，BIM 的普及率与应用程度较高，政府或业主会主动要求项目运用统一的 BIM 标准，甚至有的州已经立法，要求州内的所有大型公共建筑项目必须使用 BIM。

目前，美国使用的 BIM 标准包括 COBIE（Construction Operations Building Information Exchange）标准、IFC（Industry Foundation Class）标准等，不同的州政府或项目业主会选用不同的标准，但前提都是通过统一标准为相关利益方创造最大价值。欧特克公司专门创建了用于指导 BIM 实施的工具——BIM Deployment Plan，以帮助业主、建筑师、工程师和承包商使用 BIM。这个工具可以为各个公司提供管理沟通的模型标准，就 BIM 使用环境中各方承担的责任提出建议，并提供最佳的业务和技术案例。

BIM 可以帮助各相关利益方（如设计师、施工方等）更好地理解可持续发展理念以及它的四个重要因素：能源、水资源、建筑材料和土地。以欧特克工程建设行业总部大楼为例。该项目就是运用 BIM 技术进行设计、建造的，并获得绿色建筑的白金认证。大楼建筑面积超过 5 000 平方米，从概念设计到竣工仅用了 8 个月时间，成本明显降低，同时节省了 37% 的能源成本，真正实现零事故、零索赔。

随着工程建设行业的发展，中国企业已经达成共识——BIM 将成为中国工程建设行业的未来发展趋势。相较于美国、日本等发达国家，中国的 BIM 应用与发展比较滞后，BIM 标准的研究还处于起步阶段。另外，中国的 BIM 标准如何与国际的使用标准有效对接，政府与企业如何推动中国 BIM 标准的应用等，都将成为我们今后工作的重点。

毋庸置疑，BIM 是引领工程建设行业未来发展的利器，相关部门要积极推进 BIM 在中国的应用，促进中国工程建设行业的可持续发展。

（三）行业发展的结果

工程项目的建设、运营涉及业主、政府主管部门、工程师、承建商、产品供货商等利益相关方。一个工程项目的生命周期包括策划、设计、施工、交付、试运行、运营维护、拆除等阶段，项目周期长达几十年，甚至更长。

一个工程项目的信息量巨大、信息种类繁多，但基本上可分为以下两种形式：一是结构化信息，即机器能够自动"理解"的信息，如 Excel 文件、BIM 文件；二是非结构化信息，即机器不能自动"理解"的信息，需要人工进行解释和翻译，如 Word 文件、CAD 文件等。目前，工程建设行业的普遍做法是，各个参与方在项目不同阶段用自己的应用软件去完成相应的任务，输入应用软件需要的信息，把合同规定的工作成果交付给接收方，或者把该软件的输出信息交给接收方作为参考，信息接收方将重复上面的做法。由于当前合同规定的交付成果以纸质成果为主，在这个过程中，项目信息被不断地重复输入、处理、输出。

事实上，在一个建设项目的生命周期内，我们不仅不缺文字形式的信息，甚至也不缺数字形式的信息——在项目众多的参与方中，哪一家不是在用计算机处理他们的信息呢？我们真正缺少的是对信息进行结构化组织管理和及时交换、共享。受技术、经济、法律等诸多因素的影响，这些信息在被不同参与方以数字形式输入计算机后，又以纸质文件的形式交付给下一个参与方，即使上游参与方愿意将数字化成果交付给下游参与方，但往往也会因为不同软件之间信息不能互用而束手无策。这就是行业赋予 BIM 的使命——解决项目不同阶段、不同参与方，以及不同应用软件之间的信息结构化组织管理和信息交换、共享问题，让合适的人在合适的时间获得合适的信息，这些信息要准确、及时、充分。

# 三、BIM 的应用领域

BIM 可应用于项目全生命周期各阶段中，包括项目各参与方，因此 BIM 应用领域较多，应用内容也较丰富。

## （一）BIM 与招标投标

BIM 在招标投标管理方面的应用主要体现在以下几个方面。

### 1. 数据共享

BIM 的可视化功能，能让投标方深入了解招标方所提出的条件，避免产生信息孤岛，实现数据共享，保证数据的可追溯性。

### 2. 经济指标的控制

BIM 能控制经济指标的精确性与准确性，避免项目参与方在建筑面积和限高方面造假。

### 3. 无纸化招标投标

基于 BIM 实现无纸化招标投标，可节约大量纸张和装订费用，真正做到绿色、低碳、环保。

**4.削减招标投标成本**

应用 BIM 可实现跨区域的招标投标,使招标投标更透明、更高效,从而大幅削减招标投标成本。

**5.整合招标投标文件**

基于 BIM 可整合所有招标文件,量化各项指标,对比论证各投标方的总价、综合单价及单价构成的合理性。

**6.评标管理**

基于 BIM 能够记录评标过程并生成数据库,实时对操作员的操作进行监督;可事后查询评标过程,最大限度地减少暗箱操作、虚假招标、权钱交易等现象,从而规范市场秩序,有效推动招标投标工作的公开化、法制化,保证招标投标工作更加公正、透明。

## (二)BIM 与设计

BIM 在设计方面的应用主要体现在以下几个方面。

一是通过创建模型,更好地表达设计意图,突出设计效果,满足业主需求。

二是利用模型进行专业协同设计,可减少设计错误;通过碰撞检查,把类似空间障碍等问题消灭在出图之前。

三是可视化的设计会审和专业协同功能,基于三维模型的设计信息传递和交换将更加直观、有效,有利于各方的沟通。

## （三）BIM与施工

BIM在施工方面的应用主要体现在以下几个方面。

一是利用模型进行直观的"预施工"，预知施工难点，更大程度地消除施工的不确定性和不可预见性，降低施工风险，保证施工技术措施的可行、安全、合理。

二是在设计方提供的模型基础上进行深化设计，解决设计信息中没有体现的细节问题，更直观、更切合实际地对现场施工工人进行技术交底。

三是为构件加工提供详细的加工详图，提高现场作业效率，保证质量。

四是利用模型进行施工过程荷载验算、进度与物料控制、施工质量检查等。

## （四）BIM与造价

BIM在造价方面的应用主要体现在以下两方面。

项目计划阶段，对工程造价进行预估，应用BIM技术提供各设计阶段准确的工程量、设计参数和工程参数，将工程量、工程参数与技术经济指标结合，进行估算、概算，再运用价值工程和限额设计等手段对设计成果进行优化。

在合同管理阶段，通过对细部工程造价信息的抽取、分析和控制，控制整个项目的总造价。

## （五）BIM与运营维护

BIM在运营维护方面的应用主要体现在以下几方面。

一是数据集成与共享化运营维护管理。基于 BIM 可对图纸、报价单、采购单、工期图等进行数字化处理，呈现直观、实用的数据信息，运营方可基于这些信息进行运营维护管理。

二是可视化运营维护管理。基于 BIM 的三维模型可对项目的运营维护阶段进行直观的、可视化的管理。

三是应急响应决策与模拟。BIM 可提供实时的数据访问功能，在没有获取足够信息的情况下，帮助人们制定应急响应策略。

可见，BIM 在工程项目全生命周期的各个阶段都能发挥重要作用，项目不同参与方都能对其加以利用。

# 四、BIM 的发展阶段

BIM 的出现掀起了建筑行业的一场革命，从 BIM 技术进入到被完全接纳，成为成熟、稳定的技术，大致需要经过以下三个阶段。

## （一）独立与共存阶段

现在我国的 BIM 技术就处于这个阶段。目前，很多中小型公司仍未设立 BIM 工程师岗位，或者就算有工作人员从事 BIM 相关技术工作，也不会把他们称为 BIM 工程师。这些中小型公司对 BIM 技术的培训方式大多是专门抽调人员进行学习。目前，在我国建筑行业中，只有大型工程相关单位才应用 BIM。

在一些 BIM 技术未得到全面推广的城市，BIM 还仅仅是停留在研习、摸索阶段。因此，相关企业在需要 BIM 技术支持时只能寻求"外援"——BIM 咨询公司。由于大部分企业不愿意为了少量大型项目培养一批专门从事 BIM 工作的人才，因此将这些处在行业前沿的人才集中到一处的 BIM 咨询公司应运而生。BIM 咨询公司专门为那些需要 BIM 技术支持的单位提供服务。

这一阶段因为有国家的大力倡导，相关政策不断出台，BIM 相对独立地应用于各个建设部门中。在 BIM 技术未成熟时（如行业规范未全面完成，各种各样的 BIM 软件细节未统一，BIM 协同工作平台没有真正推行），建筑行业都将一直处于这一个阶段。

（二）吸纳与融合阶段

随着近年来 BIM 技术的不断发展，从国家到地方都在大力推动 BIM 的应用，利益促使各个企业不断研究、尝试 BIM 技术。随着各方面技术的发展，BIM 技术日趋完善是必然趋势。一旦 BIM 技术成熟，传统行业也会在摸索中找到最合适的应用方法。正如长安大学叶馨老师所说："在项目里也好，在相关企业里也好，专门成立一个部门，或者专门找一批人，冠以 BIM 部门、BIM 工程师这样的称号，不是长久的解决之道。因为 BIM 的根本目的是所有人、所有专业、建筑全生命周期的信息共享。现在让这一拨人、这一个部门来做信息添加或提取，跟 BIM 的目的本身是背道而驰的。"

因此，在第二阶段，BIM 技术更加成熟，相关企业工作人员会把 BIM 作为一种基本技能来看待。"懂得 BIM 技术是优势"这种观点会转变为"不懂 BIM 技术是劣势"。在这个阶段，BIM 作为必需品广泛地应用于建筑行业，BIM 软件也得到广泛应用。

### （三）整合与协调阶段

在这一阶段，BIM 技术全面普及，相关人员掌握这项技术，大大提高企业的生产效率，节约大量的人力、物力、财力。另外，某些新的岗位会诞生，一些岗位会逐渐消失。例如，将来懂得 BIM 某一专业建模技术不再是优势，各大企业更愿意招聘懂得各个专业建模技术的管理人员，BIM 项目管理工程师会越来越常见。又如，为了方便各单位协同工作与管理，可能会产生一批专门的 BIM 沟通人员，等等。然而，这一切就目前来说还言之过早。应用 BIM 既不能操之过急，也不能因循守旧，只有顺势而为，才能一直走在行业前列，不被时代所淘汰。

# 第二节　BIM 软件

谈 BIM、用 BIM 都离不开 BIM 软件，本节试图通过对目前在全球具有一定市场影响或占有率，并且对国内市场具有一定应用价值的 BIM 软件（包括能发挥 BIM 价值的软件）进行梳理，希望能为想对 BIM 软件有总体了解的相关人士提供参考。

# 一、BIM 软件的分类

BIM 建模类软件可细分为 BIM 方案设计软件、与 BIM 接口的几何造型软件、可持续分析软件等 12 类。笔者又按功能将这些软件简单分成 BIM 建模类软件、BIM 模拟类软件及 BIM 分析类软件。

## （一）BIM 建模类软件

这类软件英文名称为 BIM Authoring Sofware，是 BIM 的基础。换句话说，正是因为有了这些软件才有了 BIM，也是从事 BIM 的同行要碰到的第一类 BIM 软件，因此笔者称它们为 BIM 核心建模软件，简称 BIM 建模软件。

常用的 BIM 建模软件主要有以下四大种类。

### 1.Revit 系列软件

Autodesk 公司的 Revit 建筑、结构和机电系列，在民用建筑市场借助 AutoCAD 的天然优势，有相当不错的市场表现。Revit 系列软件在 BIM 模型构建过程中的主要优势体现在三个方面：具备智能设计优势，设计过程实现参数化管理，为项目各参与方提供了全新的沟通平台。

#### （1）Autodesk Revit Architecture

Autodesk Revit Architecture 建筑设计软件可以按照建筑师和设计师的思考

方式进行设计，因此可进行更高质量、更加精确的建筑设计。专为建筑信息模型而设计的 Autodesk Revit Architecture 能够帮助捕捉和分析早期设计构思，并能够从设计、文档到施工的整个流程中更精确地进行设计，利用包含丰富信息的模型来支持可持续性设计、施工规划与构造设计，帮助用户做出更加明智的决策。Autodesk Revit Architecture 有以下特点。

完整的项目，单一的环境。Autodesk Revit Architecture 中的概念设计功能提供了易于使用的自由形状建模和参数化设计工具，并且还支持在开发阶段对设计进行分析；可以自由绘制草图，快速创建三维形状，以及各种交互式的处理形状；可以利用内置的工具表现复杂的形状，构建用于预制和施工环节的模型。随着设计的推进，Autodesk Revit Architecture 能够围绕各种形状自动构建参数化框架，提高创意控制能力，增强设计的精确性和灵活性。从概念模型直至施工文档，所有设计工作都在同一个直观的环境下完成。

更迅速地制定权威决策。Autodesk Revit Architecture 软件支持在设计前期对建筑形状进行分析，以便尽早做出更明智的决策。借助这一功能，可以明确建筑的面积和体积，进行日照和能耗分析，深入了解建造的可行性，初步提取施工材料用量。

功能形状。Autodesk Revit Architecture 中的 Building Maker 功能可以帮助设计师将概念形状转换成全功能建筑设计；可以选择并添加"面"，由此设计墙、屋顶、楼层和幕墙系统等；可以提取重要的建筑信息，包括每个楼层的总面积；可以将来自 AutoCAD 软件和 Autodesk Maya 软件，以及其他一些应用的概念性体量对象转化为 Autodesk Revit Architecture 中的体量对象，然后进行方案设计。

一致、精确的设计信息。开发 Autodesk Revit Architecture 软件的目的是按照建筑师与设计师的建筑理念工作。能够从单一基础数据库提供所有明细表、图纸、二维视图与三维视图，并能够随着项目的推进自动保持设计变更的一致性。

双向关联。任何一处变更，所有相关位置随之变更。在 Autodesk Revit Architecture 中，所有模型信息存储在一个协同数据库中。对信息的修订与更改会自动反映到整个模型中，从而极大减少错误与疏漏。

明细表。明细表是整个 Autodesk Revit Architecture 模型的另一个视图。对于明细表视图进行的任何变更都会自动反映到其他所有视图中。明细表的功能包括关联式分割及通过明细表视图、公式和过滤功能选择设计元素。

详图设计。Autodesk Revit Architecture 附带丰富的详图库和详图设计工具，能够进行广泛的预分类，并且可轻松兼容 CSI 格式。可以根据企业的标准创建、共享和定制详图库。

参数化构件。参数化构件亦称族，是在 Autodesk Revit Architecture 中设计所有建筑构件的基础。这些构件提供了一个开放的图形系统，能够自由地构思设计、创建形状，并且还能就设计意图的细节进行调整和表达。可以使用参数化构件设计精细的装配，以及最基础的建筑构件（如墙和柱），无须编程语言或代码。

材料算量功能。利用材料算量功能计算详细的材料数量。材料算量功能非常适合用于计算可持续设计项目中的材料数量和估算成本，能够显著优化材料数量跟踪流程。

冲突检测。使用冲突检测来扫描模型，查找构件间的冲突。

基于任务的用户界面。Autodesk Revit Architecture 用户界面提供了整齐有序的桌面和宽大的绘图窗口，可以帮助用户迅速找到所需工具和命令。按照设计工作流中的创建、注释或协作等环节，各种工具被分门别类地放到了一系列选项卡和面板中。

设计可视化。创建并获得如照片般真实的建筑设计创意和周围环境效果图，在实际动工前体验设计创意。集成的 Mental Ray 渲染软件易于使用，能够在更短时间内生成高质量渲染效果图；协调工作共享工具，可支持应用视图过滤器和标签元素，以及控制关联文件夹中工作集的可见性，以便在包含许多关联文件夹的项目中改进协作工作。

可持续发展设计。软件可以将材质和房间容积等建筑信息导出为绿色建筑扩展性标志语言。用户可以使用 Autodesk Green Building Studio Web 服务进行更深入的能源分析，或使用 Autodesk Ecotect Analysis 软件研究建筑性能。

（2）Autodesk Revit Structure

Autodesk Revit Structure 软件改善了结构工程师和绘图人员的工作方式，可以最大限度地减少重复性的建模和绘图工作。该软件有助于减少创建最终施工图所需的时间，同时提高文档的精确度，全面改善交付给客户的项目质量。

顺畅协调。Autodesk Revit Structure 采用 BIM 技术，因此每个视图、每张图纸和每个明细表都是同一基础数据库的直接体现。当建筑团队成员处理同一项目时，不可避免地要对建筑结构做出一些更改，Autodesk Revit Structure 中的参数化变更技术可以自动将这些更改反映到其他项目视图中——模型视图、剖面图、平面图和详图，从而使设计和文档保持协调、一致和完整。

双向关联。建筑模型及其所有视图均是同一信息系统的组成部分。这意味着用户只需对结构任何部分做一次变更，就可以保证整个文档集的一致性。例如，如果图纸比例发生变化，软件就会自动调整标注和图形的大小。如果结构构件发生变化，软件将自动协调和更新所有显示该构件的视图，包括名称标记以及其他构件属性标签。

与建筑师进行协作。与使用 Autodesk Revit Architecture 软件的建筑师合作的工程师可以充分体验 BIM 的优势，并共享相同的基础建筑数据库。集成的 Autodesk Revit 平台工具可以帮助用户更快地创建结构模型。通过对结构和建筑对象之间进行干涉检查，工程师可以在将工程图送往施工现场之前更快地检测、协调。

与水暖电工程师进行协作。与使用 AutoCAD MEP 软件的水暖电工程师进行合作的结构设计师可以显著改善设计的协调性。Autodesk Revit Structure 用户可以将其结构模型导入 AutoCAD MEP，这样水暖电工程师就可以检查管道和结构构件之间的冲突。Autodesk Revit Structure 还可以通过 ACIS 实体将 AutoCAD MEP 中的管道导入结构模型，并以可视化的方式检测冲突。此外，与使用 Autodesk Revit MEP 软件的水暖电工程师进行协作的结构工程师也可以充分利用 BIM 的优势。

增强结构建模和分析功能。在单一应用程序中创建物理模型和分析结构模型有助于节省时间。Autodesk Revit Structure 软件的标准建模对象包括墙、梁、柱、板和地基等，不论工程师需要设计钢结构、现浇混凝土结构、预制混凝土结构、砖石结构还是木结构，都能轻松应对。其他结构对象可被创建为参数化构件。

参数化构件。工程师可以使用 Autodesk Revit Structure 创建各种结构组件，如托梁系统、桁架和智能墙族，无须编程语言即可使用参数化构件（亦称族）。族编辑器包含所有数据，能以二维图形和三维图形基于不同细节水平表示一个组件。

多用户协作。Autodesk Revit Structure 支持相同网络中的多个成员共享同一模型，而且确保所有人都能有条不紊地开展各自的工作。一整套协作模式可以充分满足项目团队的工作流程需求——从即时同步访问共享模型，到分成几个共享单元，再到分成单人操作的链接模型。

备选设计方案。借助 Autodesk Revit Structure，工程师可以专心于结构设计，可探索设计变更，开发和研究多个设计方案，为制定关键的设计决策提供支持，并能够轻松地向客户展示多套设计方案。每个方案均可在模型中进行工程量计算，帮助团队成员和客户做出明智决策。

领先一步，分析与设计相集成。使用 Autodesk Revit Structure 创建的分析模型包含荷载、荷载组合、构件尺寸和约束条件等信息，是整个建筑模型、建筑物的结构框架。分析模型使用工程准则创建而成，旨在生成一致的物理结构分析图像。工程师可以在连接结构分析程序之前替换原来的分析设置，并编辑分析模型。

更出色的工程洞察力。结构工程师可以利用 Autodesk Revit Structure 用户定义的规则，将分析模型调整到相接或相邻结构构件分析投影面的位置。结构工程师还可以在对模型进行结构分析之前，自动检查缺少支撑、全局不稳定性和框架异常等分析冲突。分析程序会返回设计信息，并动态更新物理模型和工程图，从而尽量减少烦琐的重复性任务，比如在不同应用程序中构建框架和壳体模型。

创建全面的施工文档。使用一整套专用工具，可创建精确的结构图纸，并有助于减少由于手动协调设计变更导致的错误。材料特定的工具有助于施工文档符合行业和办公标准。对于钢结构，软件提供了梁处理和自动梁缩进等功能，以及丰富的详图构件库。对于混凝土结构，在显示选项中可控制混凝土构件的可见性。软件还为柱、梁、墙和基础等混凝土构件提供了钢筋选项。

自动创建剖面图和立面图。与传统方法相比，在 Autodesk Revit Structure 中创建剖面图和立面图更为简单。视图只是整个建筑模型的不同表示，因此用户可以在一个结构中快速打开一个视图，并且可以随时切换到最合适的视图。在打印施工文档时，视图中没有放置在任何图纸上的剖面标签和立面符号将自动隐藏。

自动参考图纸。这一功能有助于确保不会有剖面图、立面图或详图索引参考错误的图纸或图表，并且图纸集中的所有数据和图形、详图、明细表和图表都是最新和协调一致的。

详图。Autodesk Revit Structure 支持用户为典型详图及特定详图创建详图索引。用户可以使用 Autodesk Revit Structure 中的传统二维绘图工具创建整套全新典型详图。设计师可以从 AutoCAD 软件中导出 DWG 详图，并将其链接至 Autodesk Revit Structure 中，还可以使用项目浏览器对其加以管理。特定的详图直接来自模型视图。这些基于模型的详图是用二维参数化对象（如金属面板、混凝土空心砖、基础上的地脚锚栓、紧固件、焊接符号、钢节点板、混凝土钢筋等）和注释（如文本和标注等）创建而成的。对于复杂的几何图形，Autodesk Revit Structure 提供了基于三维模型的详图，如建筑物伸缩缝、钢结构连接、混凝土构件中的钢筋等。

明细表。按需创建明细表可以显著节约时间，而且用户在明细表中进行变更后，模型和视图将自动更新。明细表特性包括排序、过滤、编组及用户定义式。工程师和项目经理可以通过定制明细表检查总体结构设计。例如，在将模型与分析软件集成之前，统计并检查结构荷载。如需变更荷载值则可以在明细表中进行修改，并自动反映到整个模型中。

（3）Autodesk Revit MEP

Autodesk Revit MEP 软件集成的设计、分析与文档编制工具，支持在从概念到施工的整个过程中，更加精确、高效地设计建筑系统。该系统支持水暖电系统建模，通过系统的设计、分析来帮助用户提高效率，或帮助用户更加精确地制作施工文档，更轻松地导出设计模型用于跨领域协作。

Autodesk Revit MEP 软件专为 BIM 而构建。BIM 是以协调、可靠的信息为基础的集成流程，涵盖项目的设计、施工和运营阶段。通过采用 BIM，机电管道公司可以在整个流程中使用一致的信息来设计和绘制创新项目，还可以通过外观可视化来支持更顺畅的沟通，模拟真实的机电管道系统性能，以便让项目各方了解成本、工期等信息。

借助对真实世界进行准确建模的软件，实现智能、直观的设计流程。Autodesk Revit MEP 采用整体设计理念，从整座建筑物的角度来处理信息，将给排水、暖通和电气系统与建筑模型关联起来。借助它，工程师可以优化建筑设备及管道系统的设计，进行更好的建筑性能分析，充分发挥 BIM 的竞争优势。同时，利用 Autodesk Revit MEP，用户还可与建筑师和其他工程师协作，即时获得来自建筑信息模型的设计反馈，享受数据驱动设计所带来的巨大优势，轻松了解项目的范围、明细表和预算。Autodesk Revit MEP 软件能帮助机械、电气和给排水工程公司应对全球市场日益苛刻的挑战。其通过单一、完全一致的参数化模型加强了各团队之间的协作，让用户避开基于图纸的技术中固有的问题，提供集成的解决方案。

为机电管道工程师提供便利。Autodesk Revit MEP 软件是面向机电管道工程师的 BIM 解决方案，具有专门用于建筑系统设计和分析的工具。借助 Autodesk Revit MEP，机电管道工程师在设计的早期阶段就能做出明智的决策，因为他们可以在建筑施工前精确了解建筑系统。软件内置的分析功能可帮助用户创建持续性强的设计内容，并使合作伙伴共享、应用这些设计内容，从而提升工作效率。使用 BIM 有利于保持设计数据协调统一，最大限度地减少错误，并能增强工程师团队与建筑师团队之间的协作性。

建筑系统建模和布局。Autodesk Revit MEP 软件中的建模和布局工具支持工程师更加轻松地创建精确的机电管道系统。自动布线解决方案可让用户建立管网、管道和给排水系统的模型，或手动布置照明与电力系统。Autodesk Revit MEP 软件的参数变更技术意味着对机电管道模型的任何变更都会自动应用到整个模型中。保持单一、一致的建筑模型有助于协调绘图，进而减少错误。

分析建筑性能，实现可持续设计。Autodesk Revit MEP 可生成包含丰富信息的 BIM，呈现实时、逼真的设计场景，帮助用户在设计过程中及早做出更为明智的决定。借助内置的集成分析工具，项目团队成员可更好地制定满足可持续发展的目标和措施，进行能耗分析或评估系统负载，并生成采暖和冷却负载报告。Autodesk Revit MEP 还支持导出为绿色建筑扩展标记语言文件，以便应用于 Autodesk Ecotect Analysis 软件和 Autodesk Green Building Studio 基于网络的服务，或第三方可持续设计和分析应用。

提高工程设计水平，完善建筑物使用功能。当今，复杂的建筑物要求进行一流的系统设计，以便从效率和用途两方面优化建筑物的使用功能。随着项目变得越来越复杂，确保机械、电气和给排水工程师与其扩展团队之间在设计过程中清晰、顺畅地沟通至关重要。Autodesk Revit MEP 软件专门用于系统分析和优化的工具使团队成员能够实时获得有关机电管道设计内容等方面的反馈，这样在设计的早期阶段也能获得性能优异的设计方案。

风道及管道系统建模。直观的布局设计工具可帮助用户轻松修改模型。Autodesk Revit MEP 会自动更新模型视图和明细表，确保文档和项目保持一致。工程师可创建具有机械功能的 HVAC 系统，并对通风管网和管道布设三维建模，可通过拖动屏幕上任何视图中的设计元素来修改模型，还可在剖面图和正视图中完成建模。在任何位置做出修改时，所有的模型视图都能自动协调变更，因此能够提供更为准确、一致的设计及文档。

风道及管道尺寸确定和压力计算。借助 Autodesk Revit MEP 软件中内置的计算器，工程设计人员可根据工业标准和规范进行尺寸确定和压力损失计算，即时更新风道及管道构件的尺寸和设计参数，无须使用交换文件或第三方应用软件。使用风道和管道定尺寸工具在设计图中为管网和管道系统选定一种动态的定尺寸方法，包括适用于确定风道尺寸的摩擦法、速度法、静压复得法和等摩擦法，以及适用于确定管道尺寸的速度法和摩擦法。

HVAC 和电力系统设计。借助房间着色平面图可直观地沟通设计意图。通过色彩方案，团队成员无须再花时间解读复杂的电子表格，也无须用彩笔在打印设计图上标画。对着色平面图进行的所有修改将自动更新到整个模型中。可创建任意数量的示意图，并在项目周期内保持良好的一致性。管网和管道的三维模型可让用户创建 HVAC 系统，并可通过色彩方案清晰显示出该系统中的设计气流、实际气流、机械区等重要内容，为电力负载、分地区照明等创建电子色彩方案。

线管和电缆槽建模。Autodesk Revit MEP 包含功能强大的布局工具，可让电力线槽、数据线槽和穿线管的建模工作更加轻松。新的明细表类型可报告电缆槽和穿线管的布设总长度，以确定所需材料的用量。

自动生成施工文档视图。自动生成可精确反映设计信息的平面图、横断面图、立面图、详图和明细表视图。通用数据库提供的同步模型视图令变更管理更趋一致、协调。

为 AutoCAD 提供无与伦比的设计支持。全球有数百万经过专业培训的 AutoCAD 用户。Autodesk Revit MEP 为 AutoCAD 软件中的 DWG 文件格式提供无缝支持，让用户放心保存并共享文件。来自 Autodesk 的 DWG 技术提供了真实、精确、可靠的数据存储和共享方式。

2.Bentley 系列软件

Bentley 的产品在工厂设计（石油、化工、电力、医药等）和基础设施（道路、桥梁、水利等）领域拥有无可比拟的优势。Bentley 的核心产品是 Micro Station 与 Project Wise。Micro Station 是 Bentley 的旗舰产品，主要用于全球基础设施的设计、建造与实施。Project Wise 是一组集成的协作服务器产品，它可以帮助 AEC 项目团队利用相关信息和工具，开展一体化的工作。Project Wise 能够提供可管理的环境，在该环境中，人们能够安全地共享、同步与保护信息。同时，Micro Station 和 Project Wise 是面向包含 Bentley 在内的全面的软件应用产品组合的强大平台。企业使用这些产品，在全球重要的基础设施工程中执行关键任务。

（1）建筑业：面向建筑与设施的解决方案

Bentley 的建筑解决方案为全球的商业与公共建筑物的设计、建造与营运提供强大动力。Bentley 是全球领先的多行业集成的 BIM 解决方案厂商，产品主要面向全球领先的建筑设计与建造企业。

Bentley 建筑产品使得项目参与者和业主运营商能够跨越不同行业与机构，一体化地开展工作。对所有专业人员来说，跨行业的专业应用软件可以同时工作并实现信息同步。在项目的每个阶段做出明智决策能够极大地节省时间与成本，提高工作质量，同时显著提升项目收益、增强竞争力。

（2）工厂：面向工业与加工工厂的解决方案

Bentley 为设计、建造、营运加工工厂提供软件支持，包括发电厂、水处理工厂、矿厂，以及石油、天然气与化学产品加工工厂。在这些领域，所面临的挑战是如何使工程建设、采购，与建造承包商、业主运营商及其他单位实现一体化协同工作。

Bentley 的 Digital Plant 解决方案能够满足工厂的一系列生命周期需求，从概念设计到详细的工程分析、建造、营运、维护等方面一应俱全。Digital Plant 产品包括多种包含在 Plant Space 之中的工厂设计应用软件，以及基于 Micro Station 和 AutoCAD 的 Auto Plant 产品。

（3）地理信息：面向通信、政府与公共设施的解决方案

Bentley 的地理信息产品主要面向全球公共设施、政府机构、通信供应商、

地图测绘机构与咨询工程公司。他们利用这些产品对基础设施开展地理方面的规划、绘制、设计与营运。在服务器级别方面，Bentley 地理信息产品结合了规划与设计数据库。这种统一的方法能够有效简化和统一原来存在于分散的地理信息系统与工程环境中的零散的工作流程，使企业在有效的地理信息管理中获益匪浅。

（4）公共设施：面向公路、铁路与场地工程基础设施的解决方案

Bentley 公共设施工程产品在全球范围内被广泛地用于道路、桥梁、场地工程开发，以及铁路、城市设计与规划，机场与港口给排水工程，能独立地对模型内各构件的二维信息进行描述，将二维信息转换成三维数据模型，并能使用平面符号在生成的二维图纸上标出相应的构件位置。Bentley 有多种建模方式，能够满足设计人员对各种建模方式的要求。

Bentley 软件是一款基于 Micro Station 图形平台进行三维模型构建的软件。基于 Micro Station 图形平台，Bentley 软件可以进行实体、网格面、B-Spline 曲线曲面、特征参数化、拓扑等多种建模方式。另外，软件还带有两款非常实用的建模插件：Parametric Cell Studio 与 Generative Components。在建模插件的辅助下，设计人员可完成任意自由曲面和不规则几何造型的设计。在软件建模过程中，借助软件参数化的设计理念，设计人员可以控制几何图形进行任意形态的变化。软件可以通过控制组成空间实体模型的几何元素的空间参数，对三维实体模型进行适当的拓展变形。设计人员可通过 Bentley 软件对模型进行拓展，从产生的多种多样的形体变化中找到设计的灵感和思路。

Bentley 系统软件的建模工作须与多种第三方软件进行配合，因此建模过程中设计人员会接触到多种操作界面，使其可操作性受到影响。Bentley 软件有多种建模方式，但是不同的建模方式构建出的功能模型有着各不相同的特征。设计人员要完全掌握这些建模方式需要花费相当多的时间。另外，Bentley 软件的互用性较差，很多功能性操作只能在不同的功能系统中单独应用，对协同设计工作的完成会有一定的影响。

### 3.ArchiCAD 系列软件

20 世纪 80 年代初，Graphisoft 公司开发了 ArchiCAD 软件，它是最早的一款具有市场影响力的 BIM 核心建模软件，但是在中国，由于其专业配套的功能（仅限于建筑专业）与多专业一体的设计院体制不匹配，很难实现业务突破。2007 年，Graphisoft 公司被 Nemetschek 公司收购以后，新发布了 11.0 版本的 ArchiCAD 软件，该软件可以在目前广泛应用的 Windows 操作平台上操作，也可以在 Mac 操作平台上应用，适用性较强。ArchiCAD 软件是基于几何描述语言（Geometric Description Language, GDL）的三维仿真软件。ArchiCAD 软件含有多种三维设计工具，可以为各专业设计人员提供技术支持。同时，软件还有丰富的参数化图库部件，可以完成多种构件的绘制。GDL 是 1982 年开发出的一种参数化程序设计语言。作为驱动 ArchiCAD 软件进行智能化参数设计的基础，GDL 的出现使得 ArchiCAD 进行信息化构件设计成为可能。

ArchiCAD 还包含了供用户广泛使用的对象库。ArchiCAD 作为最早开发的基于 BIM 技术的软件，在众多软件中具有较大优势，ArchiCAD 软件的主要特点如下。

（1）运行速度快

ArchiCAD 在性能和速度方面拥有较大优势，这就决定了用户可以在设计大体量模型的同时将模型做得非常精细，真正起到辅助设计和施工的作用。ArchiCAD 对硬件配置的要求远远低于其他 BIM 软件，普通用户不需要花费大量资金进行硬件升级，即可快速开展 BIM 工作。

（2）施工图方面优势明显

使用 ArchiCAD 建立的三维立体模型本身就是一个中央数据库，模型内所有构件的设计信息都储存在这个数据库中，施工所需的任意平面图、剖面图和详图等图纸都可以在这个数据库的基础上进行生成。软件中模型的所有视图之间存在逻辑关联，只要在任意视图里对图纸进行修改，修改信息会自动同步到所有的视图中，避免了平面设计软件容易出现的平面图与剖面图、立面图不对应的情况。

（3）可实现专业间协同设计

ArchiCAD 具有良好的兼容性，能够实现数据在各设计方之间的准确交换和共享。软件可以对已有的二维设计图纸中的设计内容进行转换，通过软件内置的 DWG 转换器，将二维图纸中的设计内容完美地转换成三维。软件不仅可以创建建筑模型，还能为排水、暖通、电力等设备的专业设计人员提供管道系统的绘制工具。利用 ArchiCAD 软件中的 MEP 插件，各配套设备专业的设计人员可以在建筑模型的基础上对本专业的管道系统进行建模设计。软件还可以在可视化的条件下对管道系统进行碰撞检验，查找管线综合布设问题，优化管线系统的布设。

然而，ArchiCAD 软件也有一定的局限性，造成这种局限性的最主要原因就是软件采用的全局更新参数规则。ArchiCAD 软件采用的是内存记忆系统，当软件处理大型项目时，系统就会遇到缩放问题，使软件的运行速率受到极大影响。要解决这个问题，必须将项目整个设计管理工作分割成众多设计方面。软件可依靠其强大的建模功能完成建筑模型的绘制、机电和设备的布设及多种不规则设计。

## 4.CATIA 系列软件

CATIA 是英文 Computer Aided Tri-dimensional Interface Application 的缩写，是法国 Dassault Systemes 公司的 CAD/CAE/CAM 一体化软件。从 1982 年到 1988 年，CATIA 相继发布了 1、2、3 版本，并于 1993 年发布了功能强大的 4 版本，现在的 CATIA 软件分为 V4 版本和 V5 版本两个系列。V4 版本应用于 UNIX 平台，V5 版本应用于 UNIX 和 Windows 两种平台。新的 V5 版本界面更加友好，功能也更加强大，并且开创了 CAD/CAE/CAM 软件的一种全新风格。最新的 V5R14 版本已经投放市场。

CATIA 是全球最高端的机械设计制造软件，在航空、航天、汽车等领域占据重要的市场地位，无论是对复杂形体还是超大规模建筑，其建模能力、表现能力和信息管理能力都比传统的建筑类软件有明显优势。其著名用户包括波音、克莱斯勒、宝马、奔驰等一大批知名企业，用户群体在世界制造业中占有举足轻重的地位。例如，波音公司使用 CATIA 完成了整个波音 777 的电子装配工作，创造了业界的一个奇迹，从而也确定了 CATIA 在 CAD/CAE/CAM 领域的领先地位。CATIA 重新构造的新一代体系结构是在 Windows NT 平台和 UNIX 平台上开发完成的，能给客户提供更加完善的服务，并且还具有以下特点。

第一，CATIA 采用特征造型和参数化造型技术，允许自动指定或由用户指定参数化设计、几何或功能化约束的变量式设计。根据其提供的 3D 框架，用户可以精确地建立、修改与分析 3D 几何模型。

第二，CATIA 具有超强的曲面造型功能，其曲面造型功能包含了高级曲面设计和自由外形设计，用于处理复杂的曲线和曲面定义，并有许多自动化功能，加速了曲面设计过程。

第三，CATIA 提供的装配设计模块自动地对零件间的连接进行定义，便于对运动机构进行早期分析，大大提升了装配件的设计效率，后续应用则可利用此模型进行进一步的设计、分析和制造，同时能与产品全生命周期管理相关软件进行集成。

总之，企业在确定 BIM 核心建模软件技术路线时，可参考如下基本原则：民用建筑用 Autodesk Revit 软件；工厂设计和基础设施用 Bentley 软件；单专业建筑事务所可选择 ArchiCAD 软件、Autodesk Revit 软件、Bentley 软件；项目完全异形、预算比较充裕的可以选择 Digital Project 软件或 CATIA 软件。

当然，除了上面介绍的情况以外，业主和其他项目成员的要求也是在确定

BIM 技术路线时需要考虑的重要因素。

## （二）BIM 模拟类软件

模拟类软件即可视化软件，有了 BIM 模型以后，对可视化软件的使用至少有如下好处：可视化建模的工作量减少了，模型的精度和与设计（实物）的吻合度提高了，可以在项目的不同阶段以及各种变化情况下快速产生可视化效果。常用的可视化软件包括 3ds Max、Lightscape、Artlantis 和 AccuRender 等。

预测居民、访客或邻居对建筑的反应，以及计算不同建筑间的相互影响是设计流程中的主要工作。"这栋建筑的阴影会投射到附近的公园内吗？""这种砖外墙与周围的建筑协调吗？""大厅会不会太拥挤？"只有在建成前"体验"设计成果才能很好地回答这些问题。可计算的建筑信息模型平台，如 Revit 平台，就可以在动工前预测建筑的性能。

建筑设计的可视化通常需要根据平面图、小型的物理模型、艺术家的素描或水彩画展开丰富的想象。观众理解二维图纸的能力、呆板的媒介、制作模型的成本或艺术家渲染画作的成本，都会影响这些可视化方式的效果。CAD 和三维建模技术的出现实现了基于计算机的可视化，弥补了上述传统可视化方式的不足。带阴影的三维视图、照片级真实感的渲染图、动画漫游，这些设计可视化方式可以非常有效地呈现三维设计效果，目前已广泛用于探索、验证和表现建筑设计理念。对于商业项目（甚至高端的住宅项目），CAD 和三维建模技术都是常用的可视化手法，能够扩展设计方案的视觉环境，以便进行更有效的验证和沟通。如果设计人员已经使用了 BIM 解决方案来设计建筑，那么最有效的可视化工作流程就是重复利用这些数据，省去在可视化应用中重新创建模型的时间和成本。此外，同时保留冗余模型（建筑设计模型和可视化模型）也浪费时间和成本，增加出错的概率。

建筑信息模型在精确度和详细程度上令人惊叹。因此，人们自然而然地会期望将这些模型用于高级的可视化场景，如耸立在现有建筑群中的城市建筑项目的渲染图，精确显示新灯架设计在全天及四季对室内光线影响的光照分析等。Revit 平台中包含一个内部渲染器，用于快速实现可视化。

要制作更高质量的图片，Revit 平台用户可以先将建筑信息模型导入三维 dwg 格式文件中，然后传输到 3ds Max。由于无须再制作建筑模型，用户可以抽出更多时间来提高效果图的真实感。例如，用户可以仔细调整材质、纹理、灯光，添加家具和配件，添加周围的建筑和景观，甚至可以添加三维车辆和栩栩如生的人物。

### 1.3ds Max 软件

3ds Max 是 Autodesk 公司开发的基于专业建模、动画和图像制作的软件，它提供了强大的基于 Windows 平台的实时三维建模、渲染和动画设计等功能，被广泛应用于建筑设计、广告、影视、动画、工业设计、游戏设计、多媒体制作、辅助教学及工程可视化等领域。在建筑表现和游戏模型制作方面，3ds Max 更是占有绝对优势。目前，大部分的建筑效果图、建筑动画及游戏场景都是由 3ds Max 这一功能强大的软件来完成的。

3ds Max 从最初的 1.0 版本开始发展到今天，经过了多次的改进，目前在诸多领域得到了广泛应用，深受用户的喜爱。它开创了基于 Windows 操作系统的面向对象的操作技术，具有直观、友好、方便的交互式界面，而且能够自由、灵活地操作设计对象，成为 3D 图形制作领域的首选软件。

3ds Max 的操作界面与 Windows 的界面一样，使广大用户可以快速熟悉和掌握软件的操作方法。在实际操作中，用户还可以根据自己的习惯设计个人喜欢的用户界面，以方便工作。

现实生活中，无论是建筑设计中的高楼大厦还是科幻电影中的人物角色设计，大多是通过三维制作软件 3ds Max 来制作完成的。从简单的棱柱形几何体到最复杂的形状，3ds Max 通过复制、镜像和阵列等操作，可以加快设计速度，从单个模型生成无数个设计变化模型。

灯光在创建三维场景中是非常重要的，主要用来模拟太阳、照明灯等光源，从而营造环境氛围。3ds Max 提供两种类型的灯光系统：标准灯光和光学度灯光。当场景中没有灯光时，使用的是系统默认的照明着色或渲染场景，用户可以添加灯光使场景更加逼真。照明增强了场景的清晰度和三维效果。

### 2.Lightscape 软件

Lightscape 是一种先进的光照模拟和可视化设计系统，用于对三维模型进行精确的光照模拟和灵活方便的可视化设计。Lightscape 是世界上唯一同时拥有光影跟踪技术、光能传递技术和全息技术的渲染软件，它能精确模拟漫反射光线在环境中的传递，获得直接和间接的漫反射光线，使用者不需要积累丰富的实际经验就能得到真实自然的设计效果。Lightscape 可轻松使用一系列交互工具进行光能传递处理、光影跟踪和结果处理。Lightscape3.2 是 Lightscape 公司被 Autodesk 公司收购之后推出的第一个更新版本。

### 3.Artlantis 软件

Artlantis 是法国 Abvent 公司的重量级渲染引擎，其渲染速度极快，也是 SketchUp 的一个天然渲染伴侣。它是用于建筑室内和室外场景的专业渲染软件，其超凡的渲染速度与渲染质量，无比友好和简洁的用户界面令人耳目一新，被誉为建筑绘图场景、建筑效果图画和多媒体制作领域的一场革命。Artlantis 与 SketchUp、3ds Max、ArchiCAD 等建筑建模软件可以无缝链接，渲染后所有的绘图与动画影像呈现让人印象深刻。

Artlantis 中有许多高级的专有功能，能为任意的三维空间工程提供真实的硬件和灯光现实仿真技术。对于许多主流的建筑 CAD 软件，比如 ArchiCAD、Vectorworks、SketchUp、AutoCAD 等，Artlantis 可以很好地支持输入通用的 CAD 文件格式，如 dxf、dwg、3ds 等。

Artlantis 家族共包括两个版本：Artlantis R 和 Artlantis Studio（高级版）。Artlantis R 非常独特、完美地用计算渲染的方法表现现实的场景，使用简单的拖拽就能把 3D 对象直接放在预演窗口中，从而快速地模拟真实的环境。Artlantis Studio 具备完美、专业的图像设计、动画显示、虚拟物体等功能，并采用了全新的 Fast Radiosity（快速辐射）引擎，企业版提供了场景动画、对象动画，以及许多使相机平移、视点、目标点的操作更简单、更直观的新功能。

三维空间理念的诞生造就了 Artlantis 渲染软件的成功，该软件在 80 多个国家有数量庞大的用户。虽然在国内还没有更多的人接触它、使用它，但是其先进的操作理念、超凡的渲染速度及相当高的渲染质量，证明它是一个难得的渲染软件，其优点包括以下几点。

（1）只需点击

Artlantis 综合了各种先进的功能来模拟真实的灯光，并且可以直接与其他的 CAD 类软件互相导入导出（比如 ArchiCAD、Vectorworks、SketchUp、AutoCAD 等），支持的导入格式包括 dxf、dwg、3ds 等。

Artlantis 渲染软件的成功得益于其友好、简洁的界面和工作流程，还有高质量的渲染效果和难以置信的计算速度。用户可以直接通过目录拖放，为任何物体表面和 3D 场景的任何细节指定材质。Artlantis 的另一个特点就是自带大量的附加材质库，并可以随时扩展。

Artlantis 自带的功能可以模拟现实中的灯光效果。Artantis 能够表现所有光线类型的光源（灯泡、阳光等）和空气的光效果（扰动、散射、光斑等）。

（2）物件管理器

Artlantis 的物件管理器极为优秀，使用者可以轻松地控制整个场景。无论是植被、人物、家具，还是一些小装饰物，都可以在 2D 或 3D 视图中清楚地表现出来，从而灵活地进行操作。甚至使用者可以将物件与场景中的参数联系起来，如树木的枝叶可以随场景的时间调节而变化，更加生动、真实地表现渲染场景。

（3）透视图和投影图

每个投影图和 3D 视图都可以被独立存储于用户自定义的列表中，当需要时可以从列表中再次打开其中保存的参数（如物体位置、光源、日期、背景等）。Artlantis 的批量处理渲染功能只需要点击一次鼠标，就可以同时计算所有视图。

Artlantis 的本质就是创造性和效率，因而其显示速度、空间布置能力和计算能力都异常优秀。Artlantis 可以用难以置信的方式快速管理数据量巨大的场景，交互式的投影图功能使得 Artlantis 使用者可以轻松地控制物件在 3D 空间的位置。

（4）先进技术

通过对先进技术的大量运用（如多处理器管理、OpenGL 导航等），Artlantis 给图像渲染领域带来了革命性的改变。一直以界面友好著称的 Artlantis 渲染软件在之前成功版本的基础上，通过整合、创新科技发明成果，必会成为图形图像设计师的最佳伙伴。

## （三）BIM 分析类软件

### 1.可持续（绿色）分析软件

可持续（绿色）分析软件可以使用 BIM 模型的信息对项目进行日照、风环境、景观可视度、噪声等方面的分析，主要软件有国外的 Ecotect、IES、Green Building Studio，以及国内的 PKPM 等。

PKPM 是中国建筑科学研究院建筑工程软件研究所研发的工程管理软件。

中国建筑科学研究院建筑工程软件研究所是我国建筑行业计算机技术开发应用的最早单位之一。它以国家级行业研发中心、规范主编单位、工程质检中心为依托，技术力量雄厚。软件所的主要研发领域集中在建筑设计 CAD 软件、绿色建筑和节能设计软件、工程造价分析软件、施工技术和施工项目管理系统、图形支撑平台、企业和项目信息化管理系统等方面，并创造了 PKPM、ABD 等全国知名的软件品牌。

PKPM 没有明确的中文名称，一般就直接读 PKPM。最早这个软件只有两个模块——PK（排架框架设计）、PMCAD（平面补助设计），因此合称 PKPM。现在这两个模块的功能不仅大大加强了，还有其他更强大的模块予以补充。

PKPM 是一个系列，除了集建筑、结构、设备（给排水、采暖、通风空调、电气）设计于一体的集成化 CAD 系统以外，目前 PKPM 还有建筑概预算系列软件（钢筋计算、工程量计算、工程计价）、施工系列软件（投标系列、安全计算系列、施工技术系列）、施工企业信息化软件。

PKPM 在国内设计行业占有绝对优势，拥有上万家企业用户，市场占有率在 90%以上，现已成为国内应用最为普遍的 CAD 系统。它紧跟行业需求和规范，不断推陈出新，开发出对行业产生巨大影响的软件产品。另外，PKPM 及时满足了我国建筑行业快速发展的需要，显著提高了设计效率和质量。

PKPM 系统在提供专业软件的同时，支持二维、三维图形平台，从而使全部软件具有自主知识版权，为用户节省购买国外图形平台的巨大开销。跟进 AutoCAD 等国外图形软件先进技术，并利用 PKPM 广泛的用户群的实际应用成果，在专业软件发展的同时，带动了图形平台的发展，成为国内为数不多的成熟图形平台之一。

中国建筑科学研究院建筑工程软件研究所在立足国内市场的同时，积极开拓海外市场。目前，该研究所已开发出英国规范版本、美国规范版本，并进入了新加坡、马来西亚、韩国、越南等国家，使 PKPM 软件成为国际化产品，提高了国产软件在国际竞争中的地位和竞争力。

现在，PKPM 已经成为面向建筑工程全生命周期的集建筑、结构、设备、节能、概预算、施工技术、施工管理、企业信息化于一体的大型建筑工程软件系统，并以其全方位发展的技术实力确立了在业界独一无二的领先地位。

2.机电分析软件

在国内，水暖电等设备和电气分析软件有鸿业、博超等，国外产品有 Design Master、IES Virtual Environment、Trane Trace 等。以博超为例，对其下属的大型电力电气工程设计软件 EAP 进行简单介绍。

（1）统一配置

采用网络数据库后，配置信息不再独立于每台计算机。所有用户在设计过程中都使用网络服务器上的配置，保证了全员标准的统一。软件配置由具有专门权限的人员进行维护，保证了配置的唯一性、规范性，同时实现了一人扩充，全员共享的效果。

（2）主接线设计

软件提供了丰富的主接线典型设计库，可以直接检索、预览、调用通用主接线方案，并且提供了开放的图库扩充接口。用户不仅可以自由扩充常用的主接线方案，还可以按照电压等级灵活组合主接线典型方案，回路、元件混合编辑，完全模糊操作，无须精确定位，插入、删除、替换回路完全自动处理，自动进行设备标注，自动生成设备表。

（3）中低压供配电系统设计

典型方案调用将常用系统方案及个人积累的典型设计收集起来，随手可查、动态预览、直接调用。提供上千种定型配电柜方案，系统图表达方式灵活多样，可适应不同单位的个性化需求。自由定义功能以模型化方式自动生成任意配电系统，彻底解决了绘制非标准配电系统的难题。能够识别用户以前绘制的旧图，无论是用 CAD 绘制还是用其他软件绘制，都可用博超软件方便的编辑功能进行修改。对已绘制的图纸可以直接进行柜子和回路间的插入、替换、删除操作，可以套用不同的表格样式，原有的表格内容可以自动填写在新表格中。低压配电设计系统根据回路负荷自动调整配电元件及线路、保护管规格，并进行短路、压降及电机启动校验。设计结果不但能够保证系统正常运行，而且满足上下级保护元件配合需求，保证最大短路可靠分断、最小短路分断灵敏度，并自动填写设计结果。

（4）成组电机启动压降计算

用户可自由设定系统接线形式，包括系统容量、变压器型号、线路规格等。可以灵活设定电动机的台数及每台电动机的型号参数，包括电动机回路的线路长度及电抗器等，软件自动按照阻抗导纳法计算每台电动机的端电压压降及母线的压降。

（5）高中压短路电流计算

软件可以模拟实际系统合跳闸及电源设备状态计算单台至多台变压器独立或并联运行等各种运行方式下的短路电流，自动生成详细的计算书和阻抗图。可以采用自由组合的方式绘制系统接线图，任意设定各项设备参数，软件根据用户自由绘制的系统进行计算，自动计算任意短路点的三相短路、单相短路、两相短路及两相对地等短路电流，自动计算水轮、汽轮及柴油发电机、同步电动机、异步电动机的反馈电流，可以任意设定短路时间，自动生成正序、负序、零序阻抗图及短路电流计算结果表。

（6）高压短路电流计算及设备选型校验

根据短路计算结果进行高压设备选型校验，可完成各类高压设备的自动选型，并对选型结果进行分断能力、动热稳定等校验。选型结果可生成计算书及CAD 格式的选型结果表。

（7）导线张力弧垂计算

可以从图上的框选导线自动提取计算条件进行计算，也可以根据设定的导线和现场参数进行拉力计算。可以进行带跳线、带多根引下线、组合或分裂导线在各种工况下的导线力学计算。计算结果能够以安装曲线图、安装曲线表和Word 格式计算书三种形式输出。

（8）配电室、控制室设计

由系统自动生成配电室开关柜布置图，根据开关柜类型自动确定柜体及埋件形式，可以灵活设定开关柜的编号及布置形式，包括单、双列布置及柜间通道设置，同步绘制柜下沟、柜后沟及沟间开洞和尺寸标注。由变压器规格自动确定变压器尺寸及外形，可生成变压器平面图、立面图和侧面图。参数化绘制电缆沟、桥架平面布置及断面布置，可以自动处理接头、拐角、三通、四通。平面自动生成断面，直接查看三维效果，并且可以直接在三维模式下任意编辑。

（9）全套弱电及综合布线系统设计

能够进行综合布线、火灾自动报警及消防联动系统、通信及信息网络系统、建筑设备监控系统、安全防范系统、住宅小区智能化系统等所有弱电系统的设计。

（10）二次设计

自动化绘制电气控制原理图并标注设备代号和端子号，自动分配和标注节点编号。从原理图自动生成端子排接线、材料表和控制电缆清册。可手动设定生成端子排，也可以识别任意厂家绘制的端子排或旧图中已有的端子排，并且能够使用软件的编辑功能自由编辑。能够对端子排进行正确性校验，包括电缆的进出线位置、编号、芯数规格及来去向等，对出现的错误除列表显示详细错误原因外，还可以自动定位并高亮显示，方便查找修改。绘制盘面、盘内布置图，绘制标字框、光字牌及代号说明，参数化绘制转换开关闭合表，自动绘制KKS 编号对照表。提供电压控制法与阶梯法蓄电池容量计算。可以完成 6～10 kV及 35 kV 以上继电保护计算，可以自由编辑计算公式，可以满足任意厂家继电设备的整定计算。

（11）照度计算

提供利用系数法和逐点法两种算法。利用系数法可自动按照屋顶和墙面的材质确定反射率，自动按照照度标准确定灯具数量。逐点法可计算任意位置的照度值，可以计算水平面和任意垂直面照度、功率密度与工作区均匀度，并且可以按照计算结果准确模拟房间的明暗效果。软件包含了最新规范要求，可以在线查询最新规范内容，并且能够自动计算并校验功率密度、工作区均匀度和眩光，包括混光灯在内的各种灯具的照度计算。软件内置了照明设计手册中所有的灯具参数，并且提供了雷士、飞利浦等常用厂家灯具参数库。灯具库完全开放，可以根据厂家样本直接扩充灯具参数。

（12）平面设计

智能化平面专家设计体系用于动力、照明、弱电平面的设计，具有自由、靠墙、动态、矩阵、穿墙、弧形、环形、沿线、房间复制等多种设备放置方式。动态可视化设备布置功能使用户在设计时同步看到灯具的布置过程和效果。对已绘制的设备可以直接进行替换、移动、镜像以及设备上的导线联动修改。设备布置时可记忆默认参数，布置完成后可直接统计，无须另外赋值。提供全套新国标图库及新国标符号解决方案，完全符合新国标的要求。自动及模糊接线使线路布置变得极为简单，并可直接绘制各种专业线型。提供开关和灯具自动接线工具，绘制中交叉导线可自动打断，打断的导线还可以还原。根据设计经验和个人习惯自动完成设备及线路选型，进行相应标注，可以自由设定各种标注样式。提供详细的初始设定工具，所有细节均可自由设定。自动生成单张或多张图纸的材料表。

软件可按设计者意图和习惯分配照明箱和照明回路，自动进行照明系统负荷计算，并生成照明系统图。系统图形式可任意设定。按照规范检验回路设备数量、检验相序分配和负荷平衡，以闪烁方式验证及调整照明箱、线路、设备的连接状态，保证照明系统的合理性。平面与系统互动调整，构成完善的智能化平面设计体系。

### 3.结构分析软件

结构分析软件是目前 BIM 核心建模软件集成度比较高的一款产品，基本上两者之间可以实现双向信息交换，即结构分析软件可以使用 BIM 核心建模软件的信息进行结构分析，分析结果对结构的调整又可以反馈到 BIM 核心建模软件中去，自动更新 BIM。ETABS、STAAD、Robot 等国外软件及 PKPM 等国内软件都可以与 BIM 核心建模软件配合使用。

（1）ETABS

ETABS 是由美国 CSI 公司开发研制的房屋建筑结构分析与设计软件，ETABS 涵盖美国、中国、英国、加拿大、新西兰及其他国家和地区的最新结构规范，可以完成绝大部分国家和地区的结构工程设计工作。ETABS 在全世界 100 多个国家和地区销售，超过 10 万的工程师用它来进行结构分析和设计工作。中国建筑标准设计研究所同美国 CSI 公司展开全面合作，已将中国设计规范全面地贯入 ETABS 中，现已推出完全符合中国规范的 ETABS 中文版软件。除了 ETABS，他们还正在共同开发和推广 SAP2000（通用有限元分析软件）、

SAFE（基础和楼板设计软件）等业界公认的技术领先软件的中英文版本，并进行相应的规范贯入工作。此举将为中国的工程设计人员提供优质服务，提高我国的工程设计整体水平，同时也引入国外的设计规范，供我国的设计和科研人员使用和参考研究，使我国在工程设计领域逐步与发达国家接轨，具有战略性的意义。

（2）STAAD.Pro

STAAD.Pro 是结构工程专业人员的最佳选择，可通过其灵活的建模环境、高级的功能和流畅的数据协同能力进行涵洞、石化工厂、隧道、桥梁、桥墩等几乎任何设施的钢结构、混凝土结构、木结构和铝结构设计。

STAAD.Pro 能帮助结构工程师通过其灵活的建模环境、完善的设计功能及流畅的数据协同分析能力，设计出几乎所有类型的结构。灵活的建模通过一流的图形环境来实现，并支持 7 种语言，以及 70 多种国际设计规范。通过流畅的数据协同来维护和简化目前的工作流程，从而提升设计效率。使用 STAAD.Pro 能为大量结构设计项目和全球市场提供服务，可扩大客户群，从而增长业务量。

STAAD/CHINA 主要具有以下功能。

强大的三维图形建模与可视化处理功能。STAAD.Pro 本身具有强大的三维建模系统及丰富的结构模板，用户可方便快捷地直接建立各种复杂三维模型。用户亦可通过导入其他软件（如 AutoCAD）生成的标准 DXF 文件在 STAAD 中生成模型。对各种异形空间曲线、二次曲面，用户可借助 Excel 电子表格生成模型数据后直接导入 STAAD 中建模。最新版本的 STAAD 允许用户通过 STAAD 的数据接口运行用户自编宏建模。用户可用各种方式编辑 STAAD 核心的 STD 文件（纯文本文件）建模。用户可在设计的任何阶段对模型的部分或整体进行任意的移动、旋转、复制、镜像、阵列等操作。

超强的有限元分析能力，可对钢、木、铝、混凝土等各种材料构成的框架、塔架、桁架、网架（壳）、悬索等各类结构进行非线性静力、反应谱及时程反应分析。

此外，该软件还具有以下功能：普通钢结构连接节点的设计与优化；完善的工程文档管理系统；结构荷载向导自动生成风荷载、地震作用和吊车荷载；方便灵活的自动荷载组合功能；增强的普通钢结构构件设计优化；组合梁设计模块；带夹层与吊车的门式刚架建模、设计与绘图；可与 Xsteel 和 StruCAD 等国际通用的详图绘制软件数据接口，与 CIS/2、Intergraph PDS 等三维工厂设计软件有接口。

## 二、BIM 软件的应用背景

欧美建筑业已普遍使用 Autodesk Revit 系列、Benetly 系列，以及 Graphsoft 的 ArchiCAD 等，而我国基于 BIM 的本土软件开发工作尚属初级阶段，主要有天正、鸿业、博超等开发的 BIM 核心建模软件，中国建筑科学研究院建筑工程软件研究所的 PKPM，上海和北京广联达等开发的造价管理软件等。而其他

BIM 相关软件，如 BIM 方案设计软件、与 BIM 接口的几何造型软件、可视化软件、模型检查软件及运营管理软件等的开发基本处于空白状态。国内一些研究机构和学者对 BIM 软件的研究和开发在一定程度上推动了我国自主知识产权 BIM 软件的发展，但还没有从根本上解决此问题。

因此，清华大学、中国建筑科学研究院有限公司、北京航空航天大学共同承接的"基于 BIM 技术的下一代建筑工程应用软件研究"项目目标是将 BIM 技术和 IFC 标准应用于建筑设计、成本预测、建筑节能、施工优化、安全分析、耐久性评估和信息资源利用七个方面。

主流 BIM 软件的开发点主要集中在以下几个方面：BIM 对象的编码规则（WBS/EBS 考虑不同项目和企业的个性化需求，以及与其他工程成果编码规则的协调）；BIM 对象报表与可视化的对应；变更管理的可追溯与记录；不同版本模型的比较和变化检测；各类信息的快速分组统计，如不再基于对象、基于工作包进行分组，以便于安排库存；不同信息的模型追踪定位；数据和信息分享；使用非几何信息修改模型。国内一些软件开发商，如天正、广联达、理正、鸿业、博超等也都参与了 BIM 软件的研究，并对 BIM 技术在我国的推广与应用做出了极大的贡献。

BIM 软件在我国本土的研发和应用也已初见成效，在建筑设计、三维可视化、成本预测、节能设计、施工管理及优化、性能测试与评估、信息资源利用等方面都取得了一定的成果。正如美国 buildingSMART 联盟主席德克•史密斯所说："依靠一个软件解决所有问题的时代已经一去不复返了。"

BIM 是一种成套的技术体系，BIM 相关软件也要集成建设项目的所有信息，对建设项目各个阶段的实施进行建模、分析、预测及指导，从而将 BIM 的应用效果最大化。

## 三、部分软件简介

### （一）DP

DP（Digital Project 的缩写）是盖里科技公司基于 CATIA 开发的一款针对建筑设计的 BIM 软件，目前已被世界上很多顶级的建筑师和工程师采用，进行一些最复杂、最有创造性的设计。其优点是十分精确，功能十分强大；缺点是操作方法比较复杂。

### （二）Grasshopper

Grasshopper 是基于 Rhion 平台的可视化参数设计软件，适合对编程毫无基础的设计师，它将常用的运算脚本打包成 300 多个运算器，通过运算器之间的逻辑关联进行逻辑运算，并在 Rhino 平台即时可见。其优点是方便上手，能进行可视化操作；缺点是运算量有限，会有一定限制，但对于大多数的设计来说足够。

## （三）Rhino Script

Rhino Script 是架构在 VB（Visual Basic）语言之上的 Rhino 专属程序语言，可分为 Marco 与 Script 两大部分，Rhino Script 所使用的 VB 语言的语法比较简单，已经非常接近日常的口语。其优点是灵活、无限制；缺点是相对复杂，使用者要有编程基础和计算机语言的思维方式。

## （四）Processing

Processing 也是代码编程设计，但与 Rhino Script 不同的是，Processing 是一种革命性的新兴计算机语言，它是在电子艺术的环境下介绍程序语言，并将电子艺术的概念介绍给程序设计师。Processing 是 Java 语言的延伸，支持许多现有的 java 语言架构，不过在语法上简易许多，并具有许多贴心及人性化的设计。Processing 可以在 Windows、Mac OS X、MAC OS 9、Linux 等操作系统上使用。

## （五）Navisworks

Navisworks 是 Autodesk 出品的一个建筑工程管理软件套装，使用 Navisworks 能够帮助建筑、工程设计和施工团队加强对项目成果的控制。Navisworks 软件提供了用于分析、仿真和项目信息交流的先进工具。完备的四维仿真、动画和照片级效果图功能使用户能够展示设计意图并模拟施工流程，从而加深对设计的理解并提高可预测性。实时漫游功能和审阅功能能提高项目团队成员间的协作效率。Navisworks 解决方案使所有项目相关方能够整合和审阅详细设计模型。

### （六）RIBi TWO

RIBi TWO 可以说是全球第一个数字与建筑模型系统整合的建筑管理软件，它的软件构架别具一格，在软件中集成了算量模块、进度管理模块、造价管理模块等，与传统的建筑造价软件有质的区别，其与我国的 BIM 理论体系比较吻合。

### （七）广联达 BIM5D

广联达 BIM5D 以建筑的 3D 信息模型为基础，把进度信息和造价信息纳入模型中，形成 5D 信息模型。5D 信息模型集成了进度、预算、资源、施工组织等关键信息，能对施工过程进行模拟，及时为施工过程中的技术、生产、商务等环节提供准确的施工进度、物资消耗、过程计量、成本核算等核心数据，帮助客户对施工过程进行数字化管理，从而达到节约时间和成本、提升项目管理效率的目的。

### （八）Project Wise

Project Wise 可同时管理企业中同时进行的多个工程项目，项目参与者只要在相应的工程项目页面上具备有效的用户名和口令，便可登录到该工程项目中，根据预先定义的权限访问项目文档。Project Wise 可实现以下功能：将点对点的工作方式转换为协同工作方式；实现基础设施的共享、审查和发布；针对企业对不同地区项目的管理提供分布式储存的功能；增量传输；提供树状的项目目录结构；规范文档的版本、编码及名称；针对同一名称不同时间保存的图纸进行差异比较；工程数据信息查询；工程数据依附关系管理；解决项目数据变更管理的问题；红线批注；图纸审查；Project 附件的应用；提供 Web 方式的图纸浏览功能；通过移动设备进行校核；批量生成 PDF 文件并交付业主。

### （九）Virtual Environment

IES 是 Integrated Environmental Solution 公司的缩写，该公司旗下的建筑性能模拟分析软件 Virtual Environment 是一款出色的软件，能用于在建筑前期对建筑的光照、太阳能及温度效应进行模拟。其优点类似于 Ecmect，可与 Radiance 兼容，对室内的照明效果进行可视化的模拟；缺点是该软件由英国公司开发，整合了很多英国规范，部分内容与中国规范不符。

### （十）Ecotect Analysis

Ecotect Analysis 提供自己的建模工具，分析结果可以即时反馈。这样，建筑师可以从非常简单的几何形体开始进行迭代性分析，随着设计的深入，分析也逐渐越来越精确。Ecotect Analysis 和 Radiance、POV-Ray、VRML、Energy Plus、HTB2 热分析软件均有导入、导出接口。Ecotec Analysis 以其整体的易用性、适应不同设计深度的灵活性及出色的可视化效果，已在我国的建筑设计领域得到了广泛应用。

### （十一）Energy Plus

Energy Plus 能够模拟建筑的供暖、供冷、采光、通风及能耗等，基于 BLAST 和 DOE-2 提供一些最常用的分析、计算功能，同时也包括了很多独创模拟能力，如多区域气流、热舒适度、水资源使用、自然通风及光伏系统等。需要强调的是，Energy Plus 是一个没有图形界面的独立模拟程序，所有的输入和输出都是以文本文件的形式完成的。

### （十二）DeST

DeST 是 Designer's Simulation Toolkit 的缩写，意为设计师的模拟工具箱。DeST 是建筑环境及 HVAC 系统模拟的软件平台，该平台以清华大学建筑技术科学系环境与设备研究所十余年的科研成果为理论基础，将现代模拟技术和独特的模拟思想运用到建筑环境的模拟和 HVAC 系统的模拟中去，为建筑环境的相关研究和建筑环境的模拟预测、性能评估提供了方便、实用、可靠的软件工具。目前，DeST 有两个版本，即应用于住宅建筑的住宅版本（DeST-h）及应用于商业建筑的商建版本（DeST-c）。

## （十三）鲁班

鲁班软件是国内领先的 BIM 软件厂商和解决方案供应商研发的建模软件，从个人岗位级应用，到项目级应用及企业级应用，其形成了一套完整的基于 BIM 技术的软件系统和解决方案，并且实现了与上下游的开放共享。

鲁班 BIM 解决方案首先通过鲁班 BIM 建模软件高效、准确地创建 7D 结构化 BIM 模型，即 3D 实体、1D 时间、1D·BBS（投标工序）、1D·EDS（企业定额工序）、1D·WBS（进度工序），创建完成的各专业 BIM 模型，进入基于互联网的鲁班 BIM 管理协同系统，形成 BIM 数据库。经过授权，可通过鲁班 BIM 各应用客户端实现模型、数据的按需共享，提高协同效率，轻松实现 BIM 从岗位级、项目级到企业级的应用。

鲁班 BIM 技术的优点是可以更快捷、更方便地帮助项目参与方进行协调管理，具体实现可以分为创建、管理和应用三个阶段。

## （十四）探索者

探索者有很多不同功能的软件，如结构工程 CAD 软件 TSSD、结构后处理软件 TSPT 及探索者水工结构设计软件等，下面就结构工程 CAD 软件 TSSD 进行简单介绍。

TSSD 的功能共分为四项：平面、构件、计算、工具。

### 1.平面

平面的主要功能是画结构平面布置图，其中有梁、柱、墙、基础的平面布置，大型集成类工具板设计。平面布置图不但可以绘制，更可以方便地编辑、修改。每种构件均配有复制、移动、修改、删除的功能。这些功能不是简单的CAD 功能，而是再深入开发的专项功能。其他结构类软件图形的接口主要有天正建筑（天正 7 以下的所有版本）、PKPM 系列施工图、广厦 CAD，转化完成的图形可以使用 TSSD 的所有工具再编辑。

### 2.构件

构件的主要功能是结构中常用构件的详图绘制，包括梁、柱、墙、楼梯、雨篷、阳台、承台、基础等。只要输入几个参数，就可以轻松地完成各详图节点的绘制。

### 3.计算

计算的主要功能是结构中常用构件的边算边画，既可以对整个工程系统进行计算，也可以对各构件分别计算。可以计算的构件主要有板、梁、柱、基础、承台、楼梯等，均可以实现计算过程透明，并生成 Word 计算书。

### 4.工具

工具主要是指结构绘图中常用的图面标注编辑工具，包括尺寸、文字、表格、符号、比例变换、参照助手、图形比对等共 200 多个工具，囊括了在图中可能遇到的绝大多数问题的解决方案，可以大幅度提高工程师的绘图速度。

多年来，国际学术界一直对如何在 CAD 中进行信息建模进行深入的讨论和积极的探索。虽然目前 BIM 的应用领域有限，但令人鼓舞的是，BIM 已经得到学术界和软件开发商的重视，Graphisoft 公司的 ArchiCAD、Bentley 公司的 TriForma 和 Autodesk 公司的 Revit 等，这些引领潮流的建筑设计软件系统都是在 BIM 技术的基础上进行开发的，可以支持建筑工程全生命周期的集成管理。目前，许多大型企业的施工建设已经开始应用 BIM 技术。

# 第二章　BIM 研究及应用现状

目前，BIM 正逐渐成为城市建设和运营管理的主要支撑技术，随着 BIM 技术的不断成熟、各国政府的积极推进，以及配套技术（数据共享、数据集成、数据交换标准研究等）的不断完善，BIM 已经成为和 CAD、GIS 同等重要的技术支撑，共同为建筑行业的发展带来更多的可能性和生命力。

## 第一节　BIM 研究现状

### 一、BIM 相关标准研究

IFC 标准是由国际协同联盟（International Alliance for Interoperability, IAI）在 1995 年提出的，该标准的提出是为了促成建筑业中不同专业以及同一专业中的不同软件可以共享同一数据源，从而达到数据的共享及交互。

不同软件的信息共享与调用主要是由人工完成的，解决信息共享与调用问题的关键在于标准。有了统一的标准，也就有了系统之间交流的桥梁和纽带，数据就能在不同系统之间流转。作为 BIM 数据标准，IFC 标准在国际上已日趋成熟，在此基础上，美国提出了 NBIMS 标准。中国建筑标准设计研究院提出了适用于建筑生命周期各个阶段的信息交换及共享的 JG/T 198-2007 标准，该标准参照国际 IFC 标准，规定了建筑对象数字化定义的一般要求，以及资源层、核心层及交互层。2008 年，中国建筑科学研究院、中国标准化研究院等单位共同起草了《工业基础类平台规范》（国家指导性技术文件）。此规范与 IFC 在技术和内容上保持一致，并根据我国国家标准制定相关要求，旨在将其转换成我国国家标准。

清华大学软件学院在欧特克中国研究院的支持下，开展了中国 BIM 标准的研究，BIM 标准研究课题组于 2009 年 3 月正式启动，旨在完成中国 BIM 标准的研究。此外，为进一步开展中国 BIM 标准的实证研究，清华大学软件学院与中建国际设计顾问有限公司签署了 BIM 研究战略合作协议，中建国际设计顾问有限公司成为"清华大学软件学院 BIM 课题研究实证基地"。马智亮等对比了 IFC 标准和现行的成本预算方法及标准，为 IFC 标准在我国成本预算中的应用提出了解决方案。邓雪原等研究了涉及各专业之间信息的互用问题，并以 IFC 标准为基准，提出了可以将建筑模型与结构模型很好地结合的基本方法。张晓菲等在阐述 IFC 标准的基础上，重点强调了 IFC 标准在基于 BIM 的不同应用系统之间的信息传递中发挥了重要作用，指出 IFC 标准有效地实现了建筑业不同应用系统之间的数据交换和建筑物生命周期管理。

2012 年 1 月，住房和城乡建设部《关于印发 2012 年工程建设标准规范制订修订计划的通知》宣告了中国 BIM 标准制定工作正式启动，后续 BIM 标准的编制工作包含 5 项 BIM 相关标准：《建筑工程信息模型应用统一标准》《建筑工程信息模型存储标准》《建筑工程设计信息模型交付标准》《建筑工程设计信息模型分类和编码标准》和《制造工业工程设计信息模型应用标准》。其中，《建筑工程信息模型应用统一标准》的编制采取"千人千标准"的模式，邀请行业内相关软件厂商、设计院、施工单位、科研院所等近百家单位参与了标准的项目、课题、子课题的研究。自此，工程建设行业的 BIM 热度日益高涨。

　　总之，关于 BIM 标准的研究为实现中国自主知识产权的 BIM 系统工程奠定了坚实的基础。

## 二、BIM 相关学术研究

　　相关学者在阐述 BIM 技术优势的基础上，研究了钢结构 BIM 三维可视化信息、制造业信息及信息的集成技术，并在 Autodesk 平台上选用 Object ARX 技术开发了基于上述信息的轻钢厂房结构、重钢厂房结构及多高层钢框架结构 BIM 软件，实现了 BIM 与轻、重钢厂房和高层钢结构工程的各个阶段的数据互通。也有学者构建了一种主要涵盖建筑和结构设计阶段的信息模型集成框架体系，该体系可初步实现建筑、结构模型信息的集成，为研发基于 BIM 技术的下一代建筑工程软件系统奠定了技术基础。相关 BIM 研究小组深入分析了国内外现行建筑工程预算软件的现状，并基于 BIM 技术提出了我国下一代建筑工程预算软件框架。研究小组还建立了基于 IFC 标准和 IDF 格式的建筑节能设计信息模型，然后基于该模型建立并实现了由节能设计 IFC 数据生成 IDF 数据的转换机制。该转换机制为我国开发基于 BIM 的建筑节能设计软件奠定了基础。

还有学者进行了多项研究，主要有以下几项研究成果：建立了施工企业信息资源利用概念框架，建立了基于 IFC 标准的信息资源模型，并成功将 IFC 数据映射形成信息资源，最后设计开发了施工企业信息资源利用系统；在 C++语言开发环境下，研制了一种可以灵活运用 BIM 软件开发的三维图形交互模块，并进行了实际应用；研究了 BIM 技术在建筑节能设计领域的应用，提出将 BIM 技术与建筑能耗分析软件结合进行设计的新方法；将 BIM 技术与对象建筑设计软件 ABD 相结合，研究了构建基于 BIM 技术的下一代建筑工程应用软件等技术；利用三维数据信息可视化技术实现了以《绿色建筑评价标准》为基础的绿色建筑评价功能；从建筑软件开发的角度对 BIM 软件的集成方案进行初步研究，从接口集成和系统集成两大方面总结了 BIM 软件集成所面临的问题；研究了基于 BIM 的可视化技术，并将其应用于实际工程中；将 BIM 技术应用于混凝土截面时效非线性分析中，开发了基于 BIM 技术的混凝土截面时效非线性分析软件系统。

# 三、BIM 辅助工具研究

在美国，很多 BIM 项目在招标和设计阶段都使用基于 BIM 的三维模型进行管理，注重 BIM 与现场数据的交互，采用较多的技术，如激光定位技术、无线射频技术和三维激光扫描技术。目前，国内一些单位也开始积极使用新技术，强调 BIM 与现场数据的交互。

## （一）激光定位技术

目前，国内的放线更多采用传统测绘方式，在美国也有部分地方用 Trimble 激光全站仪，在 BIM 中选定放线点数据和现场环境数据，然后将这些数据上传到手持工作端。运行放线软件，使工作端与全站仪建立连接，用全站仪定位放线点数据，手持工作端选择定位数据并可视化显示，实现放线定位，将现场定位数据和报告传回 BIM，BIM 集成现场定位数据。

## （二）无线射频技术

目前，无线射频技术（Rido Frequency Identification, RFID）被用来定位人和现场材料，其中对人的定位还处在研究阶段，主要原因是 RFID 安全帽在工地上不受工人的欢迎，但是材料的定位和 BIM 集成已经相对成熟。在有的工地上，钢筋绑着条形码标签，材料在出厂、进场和安装前进行条形码扫描，成本并不高，扫描后的信息可以直接集成到 BIM 中，这些信息可以节省人工统计和录入报表的时间，而且可以根据这些信息来组织和优化场地布置、塔吊使用计划和采购及库存计划。

### （三）三维激光扫描技术

已有美国承包商根据 3D 激光扫描仪进行实时的数据采集，根据扫描的点云模型，可以了解施工现场建筑进度现状。点云模型技术在监测地下隧道施工中应用较多。根据点云模型自动识别、生成施工模型会存在误差，如果建模人员对 BIM 模型非常熟悉，则可根据点云数据进行手动绘制，结果更准确，这样可以直观地看到当前形象进度与计划形象进度间的差异。

# 第二节　BIM 应用现状

## 一、国外 BIM 应用现状

BIM 技术起源于美国查克·伊斯曼（Chuck Eastman）博士于 20 世纪末提出的建筑计算机模拟系统。根据查克·伊斯曼博士的观点，BIM 是在建筑生命周期对相关数据和信息进行制作和管理的系统。从这个意义上讲，BIM 可称为对象化开发、CAD 的深层次开发，或者参数化的 CAD 设计，即对平面 CAD 时代产生的信息孤岛进行再处理基础上的应用。

随着信息时代的来临，BIM 模型也在不断发展成熟。在不同阶段，参与者对 BIM 的需求关注点不一样，而且数据库中的信息字段也可以不断扩展。因此，BIM 模型并非一成不变，其从最开始的概念模型、设计模型到施工模型再到设施运营维护模型，一直在不断发展。目前，BIM 在美国、日本、韩国、英国、新加坡及部分北欧国家的发展态势和应用水平都达到了一定的程度。

## （一）美国

美国是较早启动建筑业信息化研究的国家，发展至今，BIM 研究与应用都走在世界前列。目前，美国大多建筑项目已经开始应用 BIM，而且存在各种BIM 协会，出台了各种 BIM 标准。

论及美国 BIM 的发展，不得不提与 BIM 相关的几大机构。

### 1.GSA

美国总务署（General Service Administration, GSA）负责美国所有联邦设施的建造和运营。早在 2003 年，为了提高建筑领域的生产效率、提升建筑业信息化水平，GSA 下属的公共建筑服务部门的首席设计师办公室（Office of the Chief Architect, OCA）推出了全国 3D-4D-BIM 计划。3D-4D-BIM 计划的目标是为所有对 3D-4D-BIM 技术感兴趣的项目团队提供"一站式"服务，虽然每个项目的功能、特点各异，但 OCA 会为每个项目团队提供独特的战略建议与技术支持。目前，OCA 已经协助和支持了超过 100 个项目。

GSA 要求，从 2007 年起，所有大型项目（招标级别）都需要应用 BIM，最低要求是空间规划验证和最终概念展示都需要提交模型。所有 GSA 的项目都被鼓励采用 3D 技术,并且根据采用这些技术的项目承包商的应用程序不同,给予不同程度的资金支持。目前,GSA 正探讨在项目生命期中应用 BIM 技术,包括空间规划验证、4D 模拟、激光扫描、可持续发展模拟、安全验证等,并陆续发布了各领域的系列 BIM 指南,这对于规范 BIM 在实际项目中的应用起到了重要作用。

GSA 对 BIM 的强大宣传直接影响了美国整个工程建设行业对 BIM 的应用。

## 2.USACE

美国陆军工程兵团(the U.S.Army Corps of Engineers, USACE)是公共工程、设计和建筑管理机构。2006 年 10 月,USACE 发布了为期 15 年的 BIM 发展路线规划,为 USACE 采用和实施 BIM 技术制定战略规划,以提升规划、设计、施工质量和效率。

其实,在发布发展路线规划之前,USACE 就已经采取了一系列的方式为 BIM 做准备。USACE 的第一个 BIM 项目是由西雅图分区设计和管理的一项无家眷军人宿舍项目,利用 Bentley 的 BIM 软件进行碰撞检查及算量。2004 年 11 月,USACE 路易维尔分区在北卡罗来纳州的一个陆军预备役训练中心项目也实施了 BIM。2005 年 3 月,USACE 成立了项目交付小组(Project Delivery Team, PDT),研究 BIM 的价值,并为 BIM 应用策略提供建议。同时,USACE 还研究了合同模板,制定合适的条款,促使承包商使用 BIM。

此外,USACE 要求标准化中心(Centers of Standardization, COS)在标准

化设计中应用 BIM，并提供指导。在发展路线规划的附录中，USACE 发布了

BIM 实施计划，从 BIM 团队建设、BIM 关键成员的角色与培训、标准与数据

等方面为 BIM 的实施提供指导。2010 年，USACE 又发布了适用于军事建筑项

目、分别基于 Autodesk 平台和 Bentley 平台的 BIM 实施计划，并在 2011 年进

行了更新。适用于民事建筑项目的 BIM 实施计划还在研究制定当中。

### 3.bSa

buildingSMART 联盟（buildingSMART alliance, bSa）是美国国家建筑科学

研究院（National Institute of Building Science, NIBS）在信息资源和技术领域的

一个专业委员会，致力于 BIM 的推广与研究，使项目所有参与者在项目生命

期阶段能共享准确的项目信息。BIM 通过收集和共享项目信息与数据，从而有

效地节约成本、减少浪费。

bSa 下属的美国国家 BIM 标准项目委员会（the National Building

Information Model Standard Project Committee-United States, NBIMS-US）专门负

责美国国家 BIM 标准（National Building Information Model Standard, NBIMS）

的研究与制定。2007 年 12 月，NBIMS-US 发布了 NBIMS 第一版的第一部分，

主要包括关于信息交换和开发过程等方面的内容，明确了 BIM 过程和工具的

各方定义、相互之间数据交换要求的明细和编码，使不同部门可以开发充分

协商一致的 BIM 标准，更好地实现协同。2012 年 5 月，NBIMS-US 发布 NBIMS

第二版的内容。NBIMS 第二版的编写过程采用了开放投稿（各专业 BIM 标

准）、民主投票决定标准内容的方式，因此也被称为第一份基于共识的 BIM

标准。

除了 NBIMS 外，bSa 还负责其他工程建设行业信息技术标准的开发与维护，如美国国家 CAD 标准、施工运营建筑信息交换数据标准，以及设施管理交付模型视图定义格式等。

（二）日本

在日本，BIM 应用已扩展到全国，并上升到政府推进的层面。日本的国土交通省负责全国各级政府投资工程，包括建筑物、道路等的建设、运营及工程造价的管理；国土交通省的大臣官房（办公厅）下设官厅营缮部，主要负责政府投资工程的组织建设、运营和造价管理等具体工作。

2010 年 3 月，日本国土交通省的官厅营缮部门宣布，将在其管辖的建筑项目中应用 BIM 技术，并根据今后施行对象的设计业务来具体推行 BIM 应用。

在日本，有"2009 年是日本的 BIM 元年"之说。大量的日本设计公司、施工企业开始应用 BIM，而日本国土交通省也在 2010 年 3 月表示，已选择一项政府建设项目作为试点，探索 BIM 在设计可视化、信息整合方面的价值及实施流程。

2010 年秋天，日本日经 BP 社调研了部分设计院、施工企业及相关建筑行业的从业人士，了解他们对 BIM 的认知度与应用情况。结果显示，BIM 的认知度从 2007 年的 30.2%提升至 2010 年的 76.4%；2008 年采用 BIM 的主要原因是 BIM 绝佳的展示效果，2010 年 BIM 主要用于提升工作效率。

日本软件业较为发达，在建筑信息技术方面也拥有较多的国产软件。日本 BIM 相关软件厂商认识到，BIM 是多个软件互相配合而达到数据集成目的的基本前提。因此，多家日本 BIM 软件商在 IAI 日本分会的支持下，以福井计算机株式会社为主导，成立了日本国产 BIM 解决方案软件联盟。

此外，日本建筑学会于 2012 年 7 月发布了日本 BIM 指南，从 BIM 团队建设、BIM 数据处理、BIM 设计流程、应用 BIM 进行预算和模拟等方面为日本的设计院和施工企业应用 BIM 提供了指导。

（三）韩国

目前，韩国已有多家政府机构致力于 BIM 应用标准的制定，如韩国国土海洋部、韩国教育科学技术部、韩国公共采购服务中心等。其中，韩国公共采购服务中心下属的建设事业局制定了 BIM 实施指南。具体计划为 2010 年 1～2 个大型施工 BIM 示范使用，2011 年 3～4 个大型施工 BIM 示范使用，2012 至 2015 年 500 亿韩元以上建筑项目全部采用 4D 的设计管理系统，2016 年实现全部公共设施项目使用 BIM 技术。

韩国国土海洋部分别在建筑领域和土木领域制定了 BIM 应用指南。其中，《建筑领域 BIM 应用指南》于 2010 年 1 月发布。该指南是建筑业主、建筑师、设计师等采用 BIM 技术时必需的要素条件及方法等的详细说明文书。

此外，buildingSMART 在韩国的分会表现得也很活跃，他们携手韩国的一些大型建筑公司和大学院校，共同致力于 BIM 在韩国建筑领域的研究、普及和应用。

2010 年，buildingSMART Korea 与延世大学组织了关于 BIM 的调研，问卷调查表共发给了 89 个 AEC 领域的企业，其中部分企业给出了答复：26 个企业反映已经在项目中采用 BIM 技术；3 个企业反映准备采用 BIM 技术；4 个企业反映尽管某些项目已经尝试应用 BIM 技术，但是还没有准备开始在公司范围内采用 BIM 技术。

韩国在运用 BIM 技术方面较为领先。多个政府部门都致力于制定 BIM 标准，如韩国公共采购服务中心和韩国国土交通海洋部。2010 年 1 月，韩国国土交通海洋部发布了《建筑领域 BIM 应用指南》。该指南为开发商、建筑师在申请四大行政部门、16 个都市及 6 个公共机构的项目时，在采用 BIM 技术时必须注意的方法及要素方面提供指导。根据《建筑领域 BIM 应用指南》，企业能在公共项目中系统地应用 BIM，《建筑领域 BIM 应用指南》也为企业确立了实用的 BIM 实施标准。

目前，韩国主要的建筑公司都在积极采用 BIM 技术，如现代建设、三星建设、空间综合建筑事务所、大宇建设、GS 建设、Daelim 建设等公司。

（四）英国

2010 年和 2011 年，英国 NBS（National Building Specification）组织了全国的 BIM 调研，从网上 1 000 份调研问卷中最终统计出英国的 BIM 应用状况。从统计结果可以发现：2010 年，仅有 13%的人在使用 BIM，而 43%的人从未听说过 BIM；2011 年，有 31%的人在使用 BIM，48%的人听说过 BIM，21%的人对 BIM 一无所知。调查中，有 78%的人认为应用 BIM 是未来趋势，有 94%的受访人表示会在 5 年之内应用 BIM。

与大多数国家不同，英国政府要求强制使用 BIM。2011 年 5 月，英国内阁办公室发布了"政府建设战略"文件，其中关于建筑信息模型的章节中明确要求：到 2016 年，政府要求全面协同的 3D BIM，并将以信息化的形式对全部文件进行管理。为了实现这一目标，文件制定了明确的阶段性目标。如 2011 年 7 月发布 BIM 实施计划；2012 年 4 月，为政府项目设计一套强制性的 BIM 标准；2012 年夏季，BIM 中的设计、施工信息与运营阶段的资产管理信息实现结合，分阶段为政府所有项目推行 BIM 计划；2012 年 7 月，在多个部门确立试点项目，运用 3D、BIM 技术来协同交付项目。文件也承认，由于缺少兼容性的系统、标准和协议，大大限制了 BIM 的应用。因此，政府将重点放在制定标准上，以确保 BIM 链上的所有成员能够通过 BIM 实现协同工作。

政府要求强制使用 BIM 的文件得到了英国建筑业 BIM 标准委员会的支持。英国建筑业 BIM 标准委员会已于 2009 年 11 月发布了英国建筑业 BIM 标准，2011 年 6 月发布了适用于 Revit 的英国建筑业 BIM 标准，2011 年 9 月发布了适用于 Bentley 的英国建筑业 BIM 标准。这些标准的制定为英国的 AEC 企业从 CAD 过渡到 BIM 提供了切实可行的方案和程序。例如，如何命名模型、如何命名对象、单个组件的建模、与其他应用程序或专业数据交换等。特定产品的标准是为了在特定 BIM 产品应用中解释和扩展通用标准中的一些概念。英国建筑业 BIM 标准编委会成员均来自建筑行业，他们熟悉建筑流程，熟悉 BIM 技术，所编写的标准也因此能够有效地应用于生产实际。

针对政府建设战略文件，英国内阁办公室于 2012 年起每年发布"年度回顾与行动计划更新"报告。报告中会分析本年度 BIM 的实施情况，与 BIM 相关的法律、商务、保险条款以及标准的制定情况，并制订近期 BIM 实施计划，促进企业、机构研究基于 BIM 的实践情况。

伦敦是众多全球领先设计企业的总部，如 Foster and Partners、Zaha Hadid Architects、BDP 和 Amp Sports，也是很多领先设计企业的欧洲总部，如 HOK、SOM 和 Gensler。在这样的环境下，英国政府发布的强制使用 BIM 的文件可以得到有效执行。因此，英国的 BIM 应用处于领先水平，发展速度很快。

## （五）新加坡

在新加坡，负责管理建筑业的机构是建筑管理署（Building and Construction Authority, BCA）。在 BIM 这一技术引进之前，新加坡政府就注意到了信息技术对建筑业的重要作用。早在 1982 年，BCA 就有了人工智能规划审批的想法；2000—2004 年，发展 CORENET（Construetion and Real Estate NETwork）项目，用于电子规划的自动审批和在线提交，研发了世界首个自动化审批系统。2011年，BCA 发布了新加坡 BIM 发展路线规划，规划明确推动整个建筑业在 2015年前广泛使用 BIM 技术。为了实现这一目标，BCA 分析了面临的挑战，并制定了相关策略。截至 2014 年底，新加坡已出台了多个清除 BIM 应用障碍的策略，包括：2010 年，BCA 发布了建筑和结构的模板；2011 年 4 月发布了 BIM 的模板；与新加坡 buildingSMART 分会合作，制定了建筑与设计对象库，并发布了项目协作指南。

为了鼓励早期的 BIM 应用者，BCA 为新加坡的部分注册公司成立了 BIM 基金，鼓励企业在建筑项目上把 BIM 技术纳入其工作流程，并运用在实际项目中。BIM 基金有以下用途：支持企业建立 BIM 模型，提高项目可视力，高增值模拟，提高分析和管理项目文件的能力；支持项目改善重要业务流程，如在招标或者施工前使用 BIM 做冲突检测，以达到减少工程返工量的效果，提高生产效率。

基金分为企业层级和项目协作层级，企业层级最多可申请 2 万新元，用以补贴培训、软件、硬件及人工成本；项目协作层级需要至少两家公司的 BIM 协作，每家公司、每个主要专业最多可申请 3.5 万新元。申请的企业必须派员工学习 BCA 下属学院开设的 BIM 建模或管理技能课程。

在创造需求方面，新加坡政府部门决定带头在所有新建项目中明确提出 BIM 需求。2011 年，BCA 与一些政府部门合作确立了示范项目。

在建立 BIM 能力与产量方面，BCA 鼓励新加坡的大学开设 BIM 课程，为毕业学生组织密集的 BIM 培训课程，为行业专业人士设立 BIM 专业学位。

## （六）部分北欧国家

部分北欧国家，如挪威、丹麦、瑞典和芬兰等，是一些主要的建筑业信息技术的软件厂商所在地，而且对 ArchiCAD 的应用率也很高。因此，这些国家是全球最先采用基于模型设计的国家，并且在推动建筑信息技术的互用性和开放标准中起到了重要作用。由于北欧国家冬季漫长多雪的地理环境，建筑的预制化显得非常重要，这也促进了包括丰富数据、基于模型的 BIM 技术的发展，使这些国家及早地进行了 BIM 部署。

这些北欧国家的政府并未强制要求企业使用 BIM，但由于当地气候的影响以及先进建筑信息技术软件的推动，BIM 技术的应用主要是企业的自觉行为。Senate Properties 是一家芬兰国有企业，也是荷兰最大的物业资产管理公司。2007 年，Senate Properties 发布了一份建筑设计的 BIM 要求，要求中规定：自 2007 年 10 月 1 日起，Senate Properties 的项目仅强制要求建筑设计部分使用 BIM，其他设计部分可根据项目情况自行决定是否采用 BIM 技术，但目标是未来将全面使用 BIM 技术。

该要求还提出："在设计招标阶段将有强制的 BIM 要求，这些 BIM 要求将成为项目合同的一部分，具有法律约束力；建议在项目协作时，建模任务需要创建通用的视图，需要准确地进行定义；需要提交最终 BIM 模型，且建筑结构与模型内部的碰撞需要进行存档；建模流程分为 4 个阶段，即 Spatial Group BIM、Spatial BIM、Pre-liminary Building Element BIM 和 Building Element BIM。"

# 二、国内 BIM 应用现状

根据国家"十四五"规划，建筑企业需要应用先进的信息管理系统，以提高企业的素质和管理水平。国家建议建筑企业加快将 BIM 技术应用于工程项目的进程，希望借此培育一批建筑业的龙头企业。

## （一）BIM 在我国内地的应用现状

相较于其他国家，虽然 BIM 技术应用在中国的施工企业中时间不长，但其正处于快速发展阶段，在能充分发挥 BIM 价值的大型企业中更是如此。

近年来，BIM 技术在国内建筑业的应用成了一股热潮，除了前期软件厂商的呼吁外，政府相关单位、各行业协会、设计单位、施工企业、科研院校等也开始重视并推广 BIM 技术。

早在 2010 年，清华大学参考美国 NBIMS 并结合调研提出了中国建筑信息模型标准框架，并且创造性地将该标准框架分为面向 IT 的技术标准与面向用户的实施标准。

2011 年 5 月，住房和城乡建设部发布的《2011—2015 建筑业信息化发展纲要》中明确指出，在施工阶段开展 BIM 技术的研究与应用，推进 BIM 技术从设计阶段向施工阶段的应用延伸，降低信息传递过程中的衰减；研究基于 BIM 技术的 4D 项目管理信息系统在大型复杂工程施工过程中的应用，实现对建筑工程有效的可视化管理等。

《2011—2015 建筑业信息化发展纲要》的发布拉开了 BIM 技术在中国应用的序幕。随后，关于 BIM 的相关政策制定进入了冷静期。但这一时期即使没有 BIM 的专项政策，政府在其他文件中也会重点提出 BIM 的重要性与推广应用意向，如《住房和城乡建设部工程质量安全监管司 2013 年工作要点》明确指出，研究 BIM 技术在建设领域的作用，研究建立设计专有技术评审制度，提高勘察设计行业技术能力和建筑工业化水平。2013 年 8 月，住房和城乡建设部发布了《关于征求关于推荐 BIM 技术在建筑领域应用的指导意见（征求意见稿）意见的函》，其中明确指出，2016 年以前政府投资的 2 万平方米以上的大型公共建筑以及省报绿色建筑项目的设计、施工采用 BIM 技术；截至 2020 年，完善 BIM 技术应用标准、实施指南，形成 BIM 技术应用标准和政策体系。

2014 年，北京、上海、广东、山东、陕西等地相继出台了各类具体的政策，推动和指导 BIM 的应用与发展，其中以上海市政府《关于在本市推进建筑信息模型技术应用的指导意见》（以下简称《指导意见》）的正式出台最为突出。《指导意见》由上海市人民政府办公厅发布，市政府 15 个分管部门参与制定 BIM 发展规划、实施措施，协调推进 BIM 技术应用推广。相比其他省市主管部门发布的指导意见，上海市 BIM 技术应用推广力度最大、决心最大。《指导意见》明确提出，自 2017 年起，上海市投资额 1 亿元以上或单体建筑面积 2 万平方米以上的政府投资工程，大型公共建筑，市重大工程，申报绿色建筑、市级和国家级优秀勘察设计和施工等奖项的工程，实现设计、施工阶段 BIM 技术应用。另外，《指导意见》中还提到，扶持研发符合工程实际需求、具有我国自主知识产权的 BIM 技术应用软件，保障建筑模型信息安全；加大产学研投入和资金扶持力度，培育发展 BIM 技术咨询服务和软件服务等国内龙头企业。

在行业协会方面，2010 年和 2011 年，中国房地产业协会商业地产专业委员会、中国建筑业协会工程建设质量管理分会、中国建筑学会工程管理研究分会、中国土木工程学会计算机应用分会组织并发布了《中国商业地产 BIM 应用研究报告 2010》和《中国工程建设 BIM 应用研究报告 2011》，一定程度上反映了 BIM 在我国工程建设行业的发展现状。根据这两项报告，不难发现，关于 BIM 的认知度从 2010 年的 60%提升至 2011 年的 87%。2011 年，共有39%的单位表示已经使用了 BIM 相关软件，其中以设计单位居多。

早期主要是设计院、施工单位、咨询单位等对 BIM 进行了一些尝试。近些年，业主对 BIM 的认知度不断提升，SOHO 已将 BIM 作为公司未来三大核心竞争力之一；万达、龙湖等大型房地产商也在积极探索应用 BIM；上海中心大厦、上海迪士尼等大型项目要求在全生命周期中使用 BIM，BIM 已经是企业参与项目的门槛。

国内大中小型设计院对 BIM 技术的应用也日臻成熟，国内大型工、民用建筑企业也开始争相发展企业内部的 BIM 技术。例如，以青建集团、山东天齐集团、潍坊昌大集团为代表的山东省建筑施工企业已经开始推广 BIM 技术应用。BIM 在国内的成功应用有奥运村空间规划及物资管理信息系统、南水北调工程、香港地铁项目等。大中型设计企业基本上拥有了专门的 BIM 团队，有一定的 BIM 应用经验；施工企业起步略晚于设计企业，不过很多大型施工企业也开始了对 BIM 的实施与探索，并有一些成功案例；运营维护阶段的 BIM 应用还处于探索研究阶段。

我国建筑行业 BIM 技术应用正处于由概念阶段转向实践应用阶段的重要时期，越来越多的建筑施工企业对 BIM 技术有了一定的认识并积极开展实践，特别是 BIM 技术在一些大型、复杂的超高层项目中得到了成功应用，涌现出一大批 BIM 技术应用的标杆项目。在这个关键时期，我国住房和城乡建设部及各省市相关部门出台了一系列政策推广 BIM 技术。

2011 年 5 月，住房和城乡建设部发布的《2011—2015 年建筑业信息化发展纲要》中对 BIM 提出了七点要求：一是推动基于 BIM 技术的协同设计系统建设与应用；二是加快推广 BIM 在勘察设计、施工和工程项目管理中的应用，改进传统的生产与管理模式，提升企业的生产效率和管理水平；三是推进 BIM 技术、基于网络的协同工作技术应用，完善企业综合管理平台，实现企业信息管理与工程项目信息管理的集成，促进企业设计水平和管理水平的提高；四是研究发展基于 BIM 技术的集成设计系统，逐步实现建筑、结构、水暖电等专业的信息共享及协同；五是探索研究基于 BIM 技术的三维设计技术，提高参数化、可视化和性能化设计能力，并为设计施工一体化提供技术支撑；六是在施工阶段开展 BIM 技术的研究与应用，推进 BIM 技术从设计阶段向施工阶段的应用延伸，降低信息传递过程中的衰减；七是研究基于 BIM 技术的 4D 项目管理信息系统在大型复杂工程施工过程中的应用，实现对建筑工程有效的可视化管理。

另外,《2011—2015 年建筑业信息化发展纲要》还要求发挥行业协会四个方面的服务作用:一是组织编制行业信息化标准,规范信息资源,促进信息共享与集成;二是组织行业信息化经验和技术交流,开展企业信息化水平评价活动,促进企业信息化建设;三是开展行业信息化培训,推动信息技术的普及应用;四是开展行业应用软件的评价和推荐活动,保障企业信息化的投资效益。

2014 年 7 月,住房和城乡建设部发布的《关于推进建筑业发展和改革的若干意见》中要求,提升建筑业技术能力,推进建筑信息模型(BIM)等信息技术在工程设计、施工和运行维护全过程的应用,提高综合效益。

2014 年 9 月,住房和城乡建设部信息中心发布《中国建筑施工行业信息化发展报告(2014)BIM 应用与发展》。该报告突出了 BIM 技术时效性、实用性、代表性、前瞻性的特点,全面、客观、系统地分析了施工行业 BIM 技术应用的现状,归纳总结了在项目全过程中如何运用 BIM 技术提高生产效率,收集和整理了行业内的 BIM 技术最佳实践案例,为 BIM 技术在施工行业的应用和推广提供了有力的支撑。

广东省住房和城乡建设厅 2014 年 9 月发布《关于开展建筑信息模型 BIM 技术推广应用的通知》,要求 2014 年底启动 10 项 BIM;2016 年底政府投资 2 万平方米以上的公建以及申报绿色建筑项目的设计、施工应采用 BIM 技术,省优良样板工程、省新技术示范工程、省优秀勘察设计项目在设计、施工、运营管理等环节普遍应用 BIM 技术;2020 年底 2 万平方米以上建筑工程普遍应用 BIM 技术。

深圳市住房和建设局 2011 年 12 月发布的《深圳市勘察设计行业十二五专项规划》指出，要推广运用 BIM 等新兴协同设计技术。为此，深圳市成立了深圳工程设计行业 BIM 工作委员会，编制出版《深圳市工程设计行业 BIM 应用发展指引》，牵头开展 BIM 应用项目试点及单位示范评估工作；促使将 BIM 应用推广计划写入政府工作白皮书和《深圳市建设工程质量提升行动方案（2014—2018 年）》。深圳市建筑工务署根据 2013 年 9 月 26 日深圳市人民政府办公厅发布的《智慧深圳建设实施方案（2013—2015 年）》的要求，全面开展 BIM 应用工作，先期确定创投大厦、孙逸仙心血管医院、莲塘口岸等为试点工程项目。2014 年 9 月，深圳市决定在全市开展为期 5 年的工程质量提升行动，将推行首席质量官制度，新建建筑 100%执行绿色建筑标准；在工程设计领域鼓励推广 BIM 技术，力争 5 年内使 BIM 技术在大中型工程项目中的覆盖率达到 10%。

工程建设是一个典型的具备高投资与高风险要素的资本集中过程，一个质量不佳的建筑工程不仅会造成投资成本的增加，还会严重影响运营生产，工期的延误也将带来巨大的损失。BIM 技术可以改善因不完备的建造文档、设计变更或不准确的设计图纸而造成的项目交付延误及投资成本增加的情况。它的协同功能能够支持工作人员在设计的过程中看到每一步的结果，并通过计算检查施工过程是否节约了资源。它不仅能使工程建设团队在实物建造完成前预先体验工程建设的流程和具体细节，还能产生一个智能的数据库，提供贯穿建筑物整个生命周期的支持。它能够让每一个阶段都更透明、预算更精准，也可以被当作预防腐败的一个重要工具。值得一提的是，中国第一个全 BIM 项目——上海中心大厦项目，通过 BIM 提升了规划管理水平和建设质量。据有关数据显示，其材料损耗从原来的百分之三降低到万分之一。

但是，如此"万能"的 BIM 技术正在遭遇发展的瓶颈，并不是所有企业都认同它所带来的经济效益和社会效益。现在面临的一大问题是 BIM 标准缺失。目前，BIM 技术的国家标准还未正式颁布实施，寻求一个适用性强的标准化体系迫在眉睫；技术人员匮乏是当前 BIM 应用面临的另一个问题，现在国内在这方面仍有很大的人才缺口。

BIM 的实质是在改变设计手段和设计思维模式。使用 BIM 技术虽然资金投入大，成本增加，但是只要全面深入分析产生设计 BIM 应用效率成本的原因以及把设计 BIM 应用质量效益转化为经济效益的可能途径，再大的投入也是值得的。

随着时代的不断发展，BIM 技术也和云平台、大数据等技术产生了交叉和互动。上海市政府对上海现代建筑设计（集团）有限公司提出要求：建立 BIM 云平台，实现工程设计行业的转型。据了解，该 BIM 云计算平台涵盖二维图纸和三维模型的电子交付，2017 年试点 BIM 模型电子审查和交付。现代集团和上海市审图中心已经完成了"白图替代蓝图"及电子审图的试点工作。同时，云平台已经延伸到 BIM 协同工作领域，结合应用虚拟化技术，为 BIM 协同设计及电子交付提供安全、高效的工作平台，适合市场化推广。

## （二）BIM 在我国香港地区的应用现状

香港的 BIM 发展主要靠行业自身推动。早在 2009 年，香港便成立了香港 BIM 学会。2010 年，梁志旋表示，香港的 BIM 技术应用目前已经完成从概念到实用的转变，处于全面推广的最初阶段。香港房屋署自 2006 年起已率先试用 BIM；为了成功地推行 BIM，自行订立了 BIM 标准、用户指南、组建资料库等设计指引和参考。这些资料能够有效地为模型建立、管理档案以及用户之间的沟通创造良好的环境。2009 年 11 月，香港房屋署发布了 BIM 应用标准。

## （三）BIM 在中国台湾地区的应用现状

自 2008 年起，"BIM"这个名词在台湾的建筑行业开始被热烈讨论，台湾各界对 BIM 的关注度非常高。

早在 2007 年，台湾大学与 Autodesk 签订了产学合作协议，重点研究 BIM 及动态工程模型设计。2009 年，台湾大学土木工程系成立了"工程信息仿真与管理研究中心"（简称 BIM 研究中心），建立技术研发、教育训练、产业服务与应用推广的服务平台，促进 BIM 相关技术与应用的经验交流、成果分享、人才培训与产官学研合作。为了弥补现有合同内容在应用 BIM 上的不足，BIM 研究中心与淡江大学工程法律研究发展中心合作，在 2011 年 11 月出版了《工程项目应用建筑信息模型之契约模板》一书，并特别提供合同范本与说明，让用户能更清楚地了解各项条文的目的、考虑重点与参考依据。高雄应用科技大学土木系于 2011 年成立了工程资讯整合与模拟研究中心。此外，还有一些高校对BIM进行了广泛的研究,极大地推动了台湾对BIM的认知与应用。

台湾有几家公转民的大型工程顾问公司与工程公司,由于一直承接政府大型公共设施建设,财力、人力资源雄厚,对BIM有一定的研究,并有大量的成功案例。2010年元旦,台湾世曦工程顾问公司成立BIM整合中心;2011年9月,中兴工程顾问股份3D BIM中心成立;亚新工程顾问股份有限公司成立了BIM管理及工程整合中心。

台湾地区对BIM的推动有两个方向。一方面,对于建筑行业,政府希望相关企业自行引进BIM应用,官方并没有提出具体的扶持与奖励措施。对于新建的公共建筑和公有建筑,其拥有者为政府单位,工程发包监督都受政府的公共工程委员会管辖,要求在设计阶段与施工阶段都以BIM完成。另一方面,台北市、新北市、台中市的建筑管理单位为了提高建筑审查效率,正在学习新加坡的eSummision,要求未来设计单位申请建筑许可时必须提交BIM模型,委托公共资讯委员会研拟编码,参照美国Master Format的编码形式,根据台湾地区现况制作编码内容。台北市政府于2010年启动了"建造执照电脑辅助查核及应用之研究",并先后公开举办了三场专家座谈会:第一场为"建筑资讯模型在建筑与都市设计上的运用",第二场为"建造执照审查电子化及BIM设计应用之可行性",第三场为"BIM永续推动及发展目标"。

2011年和2012年,台北市政府又举行了"台北市政府建造执照应用BIM辅助审查研讨会",邀请相关专家学者齐聚一堂,从不同方面就台北市政府的研究专案说明、应用经验分享、工程法律与产权等课题提出专题报告并进行研讨。这一学界的公开对话被业内称为"2012 台北 BIM 愿景"。

# 三、BIM 在我国的发展应用

## （一）BIM 在我国的发展条件

### 1.国家政府部门推动 BIM 的发展应用

现阶段，科技攻关计划的研究课题"基于 IFC 国际标准的建筑工程应用软件研究"，重点对 BIM 数据标准 IFC 和应用软件进行研究，并开发了基于 IFC 的结构设计和施工管理软件。

"十一五"期间，国家科技支撑计划重点项目"建筑业信息化关键技术研究与应用"，重点开展了以下五个方面的研究与开发工作：建筑业信息化标准体系及关键标准研究，基于 BIM 技术的下一代建筑工程应用软件研究，勘察设计企业信息化关键技术研究与应用，建筑工程设计与施工过程信息化关键技术研究与应用，建筑施工企业管理信息化关键技术研究与应用。

2012 年，住房和城乡建设部印发的《2011—2015 年建筑业信息化发展纲要》指出，"十二五"期间，普及建筑企业信息系统的应用，加快建设信息化标准，加快推进 BIM、基于网络的协同工作等新技术的研发，促进具有自主知识产权软件的研究并将其产业化，使我国建筑企业对信息技术的应用达到国际先进水平。

2012 年 3 月，由住房和城乡建设部工程质量安全监管司组织中国建筑科学研究院、中国建筑业协会工程建设质量管理分会等实施的"勘察设计和施工 BIM 技术发展对策研究"课题启动，目的是分析施工领域 BIM 发展现状、BIM 技术的价值及其对建筑业产业技术升级的意义，为制定我国勘察设计与施工领域 BIM 技术发展对策提供帮助。

2012 年 3 月 28 日，中国 BIM 发展联盟成立会议在北京召开。中国 BIM 发展联盟旨在推进我国 BIM 技术、标准和软件协调配套发展，实现技术成果的标准化和产业化，提高企业核心竞争力，并努力为中国 BIM 的应用提供支撑平台。

2012 年 6 月 29 日，由中国 BIM 发展联盟、国家标准《建筑工程信息模型应用统一标准》编制组共同组织、中国建筑科学研究院主办的中国 BIM 标准研究项目发布暨签约会议在北京隆重召开。中国 BIM 标准研究项目实施计划为由住房和城乡建设部批准立项的《建筑工程信息模型应用统一标准》的最后制定和施行打下了坚实的基础。

住房和城乡建设部出台的《关于推进 BIM 技术在建筑领域应用的指导意见》，对加快 BIM 技术应用的指导思想、基本原则、发展目标、工作重点、保障措施等做出了更加详细的阐述和更加具体的安排。文件要求：在 2016 年前，政府投资的 2 万平方米以上的大型公共建筑及申报绿色建筑项目的设计、施工采用 BIM 技术，到 2020 年，在上述项目中全面实现 BIM 技术的集成应用。

住房和城乡建设部于 2016 年 12 月发布第 1380 号公告，批准《建筑信息模型应用统一标准》为国家标准，编号为 GB/T 51212—2016，自 2017 年 7 月

1 日起实施。

2.科研机构、行业协会等推动 BIM 的集成应用

2004 年，中国首个建筑生命周期管理实验室在哈尔滨工业大学成立。之后，清华大学、同济大学、华南理工大学在 2004 年至 2005 年也先后成立了 BIM 实验室或 BIM 课题组。国内先进的建筑设计团队和房地产公司也纷纷成立 BIM 技术小组，如清华大学建筑设计研究院有限公司、中国建筑设计研究院有限公司、中国建筑科学研究院有限公司、中建国际建设有限公司、上海现代建筑设计（集团）有限公司等。2008 年，中国 BIM 门户网站成立，该网站以"推动发展以 BIM 为核心的中国土木建筑工程信息化事业"为宗旨，是一个为 BIM 技术的研发者、应用者提供信息资讯、发展动态、专业资料、技术软件以及交流沟通服务的平台。2010 年 1 月，中国勘察设计协会与欧特克软件（中国）有限公司联合举办了"创新杯"——建筑信息模型（BIM）设计大赛，推动建筑企业更广泛、更深入地应用 BIM 技术。

2011 年，华中科技大学成立 BIM 工程中心，成为首个由高校牵头成立的专门从事 BIM 研究和专业服务咨询的机构。2012 年 5 月，全国 BIM 技能等级考评工作指导委员会成立大会在北京举办，会议颁发了全国 BIM 技能等级考评工作指导委员会委员聘书。2012 年 10 月，由 Revit 中国用户小组主办、欧特克公司支持、建筑行业权威媒体承办的首届"雕龙杯"Revit 中国用户 BIM 应用大赛圆满落幕。该赛事以 Revit 用户为基础，针对广大 BIM 爱好者、研究者及工程专家感兴趣的软件应用心得和经验等内容展开讨论。

## 3.行业需求推动 BIM 的发展应用

目前，我国正在进行大规模的基础设施建设，工程结构形式愈加复杂，超型工程项目层出不穷，使项目各参与方都面临着巨大的投资风险、技术风险和管理风险。要从根本上解决建筑生命周期各阶段和各专业系统间的信息衰减问题，就要应用 BIM 技术，从设计、施工到建筑全生命期管理，全面提高信息化水平和应用效果。

国家体育场、青岛海湾大桥、广州西塔等工程项目成功实现 4D 施工动态集成管理。上海中心大厦项目工程总承包招标，明确要求应用 BIM 技术。这些大型工程项目对 BIM 的应用与推广引起了设计、施工等相关企业的高度关注，也必将推动 BIM 技术在我国建筑业的发展和应用。

## （二）BIM 在我国发展的障碍

我国的建筑行业从 2002 年以后开始接触 BIM 理念和技术，现阶段国内 BIM 的应用以设计单位为主，发展水平及普及程度远不及美国，整体上仍处于起步阶段，远未发挥出其真正的应用价值。对比中外建筑企业 BIM 发展的关键因素，可发现 BIM 在我国发展的障碍主要有以下几点。

## 1.缺乏政府和行业主管部门的政策支持

在我国建筑企业中，国有大型建筑企业占据主导地位，其在新技术引入时往往比较被动。BIM 作为革命性技术，目前尚处于前期探索阶段，企业难以从该技术的应用推广中获取效益。从目前的政府推动力度来看，政府和行业主管部门往往只提要求，不提或很少提政策扶持，项目启动资金由企业自筹，严重影响了企业应用 BIM 技术的积极性。

### 2.缺少完善的技术规范和数据标准

BIM 的应用主要包括设计阶段、建造阶段及后期的运营维护阶段，只有三个阶段的数据实现共享交互，才能发挥 BIM 技术的价值。国内 BIM 数据交换标准、BIM 应用能力评估准则和 BIM 项目实施流程规范等相关设计标准的不统一，使得国内 BIM 的应用或局限于二维出图、三维翻模的设计展示型应用，或局限于设计、造价等专业软件的孤岛式开发，造成行业对 BIM 的应用缺乏信心。

### 3.BIM 系列软件技术发展缓慢

现阶段 BIM 软件存在一些不足：本地化不够彻底，工种配合不够完善，细节不到位，特别是缺乏本土第三方软件的支持。国内目前基本没有自己的 BIM 概念的软件，鲁班、广联达等软件仍然是以成本估算为主业的专项软件；国外成熟软件的本土化程度不高，不能满足建筑从业者技术应用的要求，严重影响了我国从业人员对 BIM 软件的使用满意度。软件的本地化工作，除原开发厂商结合地域特点增加自身功能特色之外，本土第三方软件产品也会在实际应用中发挥重要作用。

### 4.机制不协调

BIM 应用不仅带来技术风险，还影响设计工作流程。因此，设计应用 BIM 软件不可避免地会在一段时间内影响到个人及部门利益，并且一般情况下设计无法获得相关的利益补偿。因此，在没有切实的技术保障和配套管理机制的情况下，强制单位或部门推广 BIM 并不现实。另外，由于目前的设计成果仍以 2D 图纸表达为主，BIM 技术在 2D 图纸成图方面仍存在着一些细节表达不规范的现象。因此，一方面应完善 BIM 软件的 2D 图档功能，另一方面国家相关部门也应该适当改变传统的设计交付方式及制图规范，甚至能做到以 3D BIM 作为设计成果载体。

### 5.人才培养不足

建筑行业从业人员是推广和应用 BIM 的主力军，但由于 BIM 学习的门槛较高，尽管主流 BIM 软件一再强调其易学、易用性，实际上相对于 2D 设计而言，BIM 软件培训仍有一定难度，对部分设计人员来说，熟练掌握 BIM 软件并不容易。另外，复杂模型的创建甚至要求建筑师具备良好的数学功底及一定的编程能力，或有相关 CAD 程序工程师的配合，这在无形中也提高了 BIM 的应用难度。加之很多从业人员在学习新技术方面的能力和意愿不足，严重影响了 BIM 的推广应用，并且国内 BIM 培训体系不完善，实际培训效果也不理想。

### 6.任务风险

我国普遍存在着项目设计周期短、工期紧张的情况，BIM 软件在初期应用过程中，不可避免地会存在技术障碍，这有可能导致设计单位无法按期完成设计任务。

### 7.BIM 技术支持不到位

BIM 软件供应商不能对客户提供长期而充分的技术支持。通常情况下，最有效的技术支持是在良好的、具有一定规模的应用环境下，使客户之间能够相互学习，而应用环境的形成需要时间。各设计单位应建立自己的 BIM 技术中心，以确保本单位获得有效的技术支持。一些实力较强的设计院所应率先实现这一目标。在越来越强调分工协作的今天，BIM 技术中心将成为必不可少的保障部门。

## （三）BIM 在我国发展的建议

BIM 被认为是一项能够突破建筑业生产效率低和资源浪费等难题的技术，是目前世界建筑业最关注的信息化技术。当前，国内各类 BIM 咨询企业、培训机构及行业协会也越来越重视 BIM 的应用价值，国内一些建筑设计单位也纷纷成立 BIM 技术小组，积极开展建筑项目全生命周期的 BIM 研究与应用。借鉴美国的发展经验，促进 BIM 在我国的发展与应用，可从以下两方面着手。

### 1.政府方面

从政府方面来说，需要关注两方面的工作。一是营造公平、公正的市场环境，在市场发展不明朗的时候，标准和规范应该缓行。在制定标准、规范时应总结成功案例的经验，否则制定的标准反而会引发一些问题。目前的市场情况是，设计阶段 BIM 应用得较多，施工阶段应用得相对较少，运营维护阶段应用则几乎没有。如果过早制定标准、规范，那么反而会影响市场的正常运转，或者导致规范和标准无人理会。另外，在制定标准和规范的过程中，负责人不应来自有利害关系的商业组织，而应来自比较中立的高校、行业协会等。只有做到组织公正、流程公正，才可能做到结果公正。二是积极应用和推广 BIM。政府投资和监管的一些项目，可以率先尝试应用 BIM，真正体验 BIM 技术的价值。对于进行 BIM 应用和推广的标准企业和个人，可以设立一些奖项进行鼓励。BIM 如何影响行业主管部门的职能转变,取决于市场和政府两方面的态度。政府如果想要市场有更大的话语权,就需要慎行。

### 2.企业方面

企业在 BIM 发展中的责任最大,需要从以下三个方面来推进。一是要积极进行 BIM 应用实践。要积极尝试,但不宜大张旗鼓、全方位地应用,可以在充分了解几家主流 BIM 方案的基础上,从选择一个小项目或一个大项目的某几个应用开始。二是总结、制定企业的 BIM 规范。制定企业规范比国家标准容易,可以根据企业的情况不断改进。在试行一两个项目后,制定企业规范。当然,在 BIM 咨询公司的帮助下制定的规范会更加完善。三是制定激励措施。新事物带来的不确定性和恐惧感会让一部分人产生消极情绪和抵触情绪,因此可以在企业内部鼓励员工尝试新事物,奖励应用 BIM 的个人和组织。

另外,软件企业的责任同样重大。软件企业不能急功近利,而应真正把产品做好,正确地引导客户,提供真正有价值的产品,不能只顾挣"快钱"。这样,BIM 才可以持久、深入地发展,对软件企业的回报也会更大。

# 第三章 BIM 应用型人才的
# 素质要求与职业发展

随着 BIM 技术的日益完善，国内外建筑业对 BIM 的需求也越来越大。住房和城乡建设部对 BIM 应用的推动，使我国 BIM 技术人才的缺口越来越大。在推动 BIM 应用的过程中，"需要培养怎样的人才"是各国都要面对的问题。BIM 应用型人才便是在国内外大环境下应运而生的这样一群人。本章将探讨 BIM 应用型人才的具体岗位、职业素质要求以及 BIM 应用型人才的职业发展。

## 第一节 BIM 应用型人才的
## 定义和分类

### 一、BIM 应用型人才的定义

BIM 应用型人才是应用 BIM 技术支持和完成建筑工程生命周期过程中各专业任务的专业人员，涵盖了业主群体、施工群体、咨询服务群体中的设计、进度管理、安全管理、质量管理、造价管理、资料管理、物资材料管理等岗位，是 BIM 人才结构中需求量最大、覆盖面最广、能最终实现 BIM 业务价值的专业人员，也是当前 BIM 应用和推广过程中最紧缺的人员。

BIM 可以应用于很多行业，但是主要涉及建筑行业。因此，BIM 应用型人才主要指建设行业的应用人才。这些应用人才除了涉及建筑行业中设计、施工、管理等各个部门之外，还包括 BIM 软件开发、BIM 协同平台制作管理的技术人员。BIM 应用型人才能通过参数模型整合各项目的相关信息，使之在项目策划、运行和维护的全生命周期中进行共享和传递，使工程技术人员对各种建筑信息做出正确判断，为设计团队以及包括建筑运营单位在内的各方建设主体提供协同工作的基础，使 BIM 在提高生产效率、节约成本和缩短工期方面发挥重要作用。

# 二、BIM 应用型人才的分类

## （一）按应用领域分类

按应用领域来分，BIM 应用型人才类型可分为 BIM 标准管理类、BIM 工具研发类、BIM 工程应用类及 BIM 教育类等。

### 1.BIM 标准管理类人才

BIM 标准管理类人才主要是指负责 BIM 标准研究管理的相关工作人员，可分为 BIM 基础理论研究人员及 BIM 标准研究人员等。

### 2.BIM 工具研发类人才

BIM 工具研发类人才主要是指负责 BIM 工具设计开发的工作人员，可分为 BIM 产品设计人员及 BIM 软件开发人员等。这类人员的工作重心在 BIM 软件的开发、建筑模型信息的管理、协同工作平台的建立等方面。这类人员往往具有计算机网络等相关专业的学习背景，虽然不一定有多年的建设部门工作经验，但是深谙 BIM 全过程各部门协同工作的原理，能利用计算机网络构建协同管控的业务处理平台。

### 3.BIM 工程应用类人才

BIM 工程应用类人才是指应用 BIM 支持和完成工程项目生命周期过程中各种专业任务的工作人员，包括业主和开发商的设计、施工、成本、采购、营销管理人员；设计机构的建筑、结构、给排水、暖通空调、电气、消防等设计人员；施工企业的项目管理、施工计划、施工技术、工程造价人员；物业运维机构的运营维护人员，以及各类相关组织里面的专业 BIM 应用人员等。

### 4.BIM 教育类人才

BIM 教育类人才是指在高校或培训机构从事 RIM 教育及培训工作的相关人员，主要可分为高校教师及培训机构讲师等。

## （二）按应用程度分类

按 BIM 的应用程度，可将 BIM 应用型人才分为 BIM 操作人员、BIM 技术主管、BIM 项目经理及 BIM 战略总监等。

1.BIM 操作人员

BIM 操作人员是指实际进行 BIM 建模及分析的人员，属于 BIM 应用型人才职业发展的初级阶段。

2.BIM 技术主管

BIM 技术主管是指在 BIM 项目实施过程中负责技术指导及监督的人员，属于 BIM 应用型人才职业发展的中级阶段。

3.BIM 项目经理

BIM 项目经理是指负责 BIM 项目实施的管理人员，属于项目级职位，是 BIM 应用型人才职业发展的高级阶段。

4.BIM 战略总监

BIM 战略总监是指负责 BIM 发展及应用战略制定的人员，属于企业级的职位，可以是部门或专业级的 BIM 专业应用人才或企业各类技术主管等，是 BIM 应用型人才职业发展的更高级阶段。

## （三）按工作单位分类

在实际的工程项目中，大多按工作单位来划分 BIM 应用型人才的岗位。与建筑工程相关的单位包括建设单位、勘察单位、设计单位、施工企业、工程总承包企业、运营维护单位、咨询公司（BIM 团队）等。

1.建设单位

建设单位中，BIM 应用型人才必不可少。建设单位中 BIM 应用型人才的具体工作内容包括以下几项。

（1）参与方案决策

在可行性研究与方案设计阶段，建设单位的 BIM 应用型人才就应该参与到工程当中，利用 BIM 技术的三维漫游渲染功能在软件中形成三维效果图，辅助项目的投标与决策。

（2）明确工程实施阶段各方的任务、交付标准和费用分配比例

在现阶段，我国 BIM 交付标准与费用分配还处于起步阶段，没有统一的规范规定，因此建设单位的 BIM 应用型人才就显得尤为重要。例如，一个熟悉 BIM 技术的工程师能为建设单位节约大量的人力和财力；一些大型工程 BIM 工程师的工作经验反馈给国家标准的制定审核部门，有助于完善行业的交付标准。

（3）建立 BIM 数据管理平台

BIM 技术的全面应用，就是建立面向多参与方、多阶段的 BIM 数据管理平台，为各阶段的 BIM 应用及各参与方的数据交换提供一体化信息平台支持。作为建设单位，需要通过 BIM 技术来统筹工程项目全生命周期各个部门的参与情况、所有人事投入产出等信息。如果数据管理平台设置得当，整个工程的质量及建设效率就会得到显著提高，同时也能降低管理成本。

BIM 数据管理平台的建立需要有强大的计算机技术支持。因此，这个环节的 BIM 应用型人才更多的是指懂得 BIM 技术的计算机工程师，他们要将建筑工程管理专业 BIM 工程师的想法付诸实践，使其成为一个真正的管理平

台。因此，这个岗位要求工作人员既掌握 BIM 技术，又知道如何建立数据管理平台。

（4）建筑方案优化

在工程项目勘察、设计阶段，要求各方利用 BIM 开展相关专业的性能分析和对比，对建筑方案进行优化。例如，在规划设计、建筑设计建模阶段，采用 Revit＋国内插件的方式，既可以绘制模型，又可以输出符合国家标准的施工图；在规划设计、建筑设计分析阶段，BIM 建模后，采用接口插件导入分析软件（如 PKPM、清华斯维尔日照分析软件等）进行分析；在勘察、设计阶段，通过应用基于 BIM 的不同相关软件，提高图纸质量，使图纸最大限度地满足建设单位的需求，最大限度地减少错漏，优化设计单位的方案。

（5）施工监控和管理

在工程项目施工阶段，BIM 应用型人才应努力促进相关方利用 BIM 进行虚拟建造，通过施工过程模拟对施工组织方案进行优化，确定科学合理的施工工期；对物料、设备资源进行动态管控，切实提升工程质量和综合效益，保证施工质量。同时，准确的预算也能为业主的资金分配提供可靠的数据支持。

（6）投资控制

在招标、工程变更、竣工结算等各个阶段，相关人员利用 BIM 进行工程量及造价的精确计算，并作为投资控制的依据。这个岗位的 BIM 应用型人才具体是指负责计量计价的造价工作人员。虽然就目前而言，BIM 技术并未在工程造价方面实现革命性的突破，但得益于广联达、斯维尔等软件公司的不懈努力，在造价行业全面推行 BIM 技术已成为可能。如果 BIM 技术在造价方面有所突破，它就能在三维建模完成时较为精确地确定工程量，为预估工程需要的材料及人力物力提供可靠依据。

（7）运营维护和管理

BIM 的使用贯穿整个项目的全生命周期。在运营维护阶段，建设单位需要有专门的人员通过 BIM 技术去分析、总结运营维护的效果，即充分利用 BIM 和虚拟仿真技术，分析不同运营维护方案的投入产出效果，模拟维护工作对运营带来的影响，提出合理的运营维护方案。

2.勘察单位

由于现在国内外 BIM 技术在勘察单位中的应用并不广泛，因此在勘察单位中 BIM 应用型人才多为研究员。住房和城乡建设部印发的《关于推进建筑信息模型应用的指导意见》中要求，勘察单位需要研究建立基于 BIM 的工程勘察流程与工作模式，根据工程项目的实际需求和应用条件确定不同阶段的工作内容，开展 BIM 示范应用。勘察单位的 BIM 应用型人才需要研究的内容有以下几项。

（1）建立工程勘察模型

研究构建支持多种数据表达方式与信息传输的工程勘察数据库，研发和采用 BIM 应用软件与建模技术，建立可视化的工程勘察模型，实现建筑与地下工程地质信息的三维融合。

（2）模拟与分析

实现工程勘察基于 BIM 的数值模拟和空间分析，辅助用户进行科学决策和风险规避。

（3）信息共享

开发岩土工程各种相关结构构件族库，建立统一数据格式标准和数据交换标准，实现信息的有效传递。

3.设计单位

除了建设单位以外，设计单位是另一个 BIM 技术推广应用的重点部门。设计单位使用 BIM 技术的根本目的有两个：一是按照建设单位的要求进行设计；二是将设计表达出来（制作施工平面图，或引入 BIM 技术在三维模型中写入尽可能详细的数据进行后续分析）。

由于目前国内事务所做的建筑方案设计深度不足，在设计阶段容易出现不合理现象，经常要改方案，各个专业设计人员的相互协调浪费了不少的时间。因此，在设计单位中引入 BIM 应用型人才，如土建 BIM 工程师、安装 BIM 工程师、机电 BIM 工程师等，将有利于协调各专业设计人员的矛盾，节约时间。

由于设计院的 BIM 专业规范标准还没有统一，因此设计院的 BIM 专业人员需要研究建立基于 BIM 的协同设计工作模式，根据工程项目的实际需求和应用条件确定不同阶段的工作内容；开展 BIM 示范应用，积累和构建各专业族库，制定相关企业标准。设计单位中 BIM 应用型人才的具体工作内容包括以下几项。

（1）投资策划与规划

在项目前期策划与规划设计阶段，基于 BIM 和 GIS 技术，对项目规划方案和投资策略进行模拟分析。目前，设计师 50%以上的工作量集中在施工图制作阶段，而 BIM 可以帮助设计师把主要精力集中在方案制定和初步设计阶段，从而使设计工作的重心前移，发挥出设计师应有的技术和水平，减轻繁重而又无太高技术含量的施工图出图工作。换言之，未来各专业的设计师也应当是相应专业的 BIM 应用型人才，通过合理应用 BIM 技术，减少重复工作，把更多的精力放在最有专业技术含量的方案制定和初步设计上。

（2）建立设计模型

采用 BIM 构建包括建筑、结构、给排水、暖通空调、电气设备、消防等多专业信息的设计模型。根据不同设计阶段的任务要求，形成满足各参与方使用要求的数据信息。BIM 能更直观、更有效地表达二维图纸无法直观呈现的多个专业间的碰撞关系，避免在施工过程中出现问题，导致返工。

（3）分析与优化

应用 BIM 进行包括节能、日照、风环境、光环境、声环境、热环境、交通、抗震等在内的建筑性能分析。根据分析结果，结合项目全生命周期成本，进行优化设计。

（4）设计成果审核

BIM 专业人员构建各专业的三维设计模型，通过 BIM 技术搭建协同工作平台，将模型综合在一起进行碰撞试验。BIM 应用型人才需要利用基于 BIM 的协同工作平台，开展多专业间的数据共享和协同工作，实现各专业之间数据信息的无损传递和共享，进行各专业之间的碰撞检测，最大限度地减少错、漏、碰、缺等设计问题，提高设计质量和效率。

4.施工企业

在施工企业中引入 BIM 应用型人才，有利于改进传统的项目管理方法，建立基于 BIM 的施工管理模式和协同工作机制。同时，随着 BIM 技术的广泛应用，需要明确施工阶段各参与方的协同工作流程和成果提交内容，明确人员职责，制定管理制度。由于现阶段引入 BIM 技术的施工单位并不多，住房和城乡建设部还要求施工单位开展 BIM 应用示范工作，并根据示范经验逐步实现施工阶段的 BIM 集成应用。施工企业中 BIM 应用型人才的工作内容主要有以下几项。

（1）建立施工模型

利用基于 BIM 技术的数据库信息，导入和处理已有的设计模型，建立施工模型。

（2）细化设计

利用 BIM 技术设计模型，根据施工安装需求进一步细化、完善相关设计，指导建筑构件的生产及现场施工工作。

（3）专业协调

在施工阶段，进行各专业（如建筑、结构、设备等）及管线的综合碰撞检测、分析和模拟，消除冲突，减少返工。

（4）成本管理与控制

应用基于 BIM 技术的施工模型，高效、精确地计算工程量，进而辅助工作人员编制工程预算文件。在施工过程中，实时、精确地对工程动态成本进行分析和计算，提高施工企业对项目成本和工程造价的管理能力。

（5）施工过程管理

应用基于 BIM 技术的施工模型，对施工进度、人员、材料、设备、场地布置等信息进行动态化管理，实现施工过程的可视化管理，不断优化施工方案。

（6）质量安全监控

综合应用数字监控、移动通信和物联网技术，建立 BIM 与现场监测数据的融合机制，实现施工现场集成通信与动态监管、大型施工机械操作精度检测、复杂结构施工定位与精度分析等技术相结合，进一步提高施工精度和效率，保障施工安全。

（7）地下工程风险管控

利用基于 BIM 技术的岩土工程施工模型，模拟地下工程施工过程及其对周边环境的影响，分析、评估地下工程施工过程可能存在的风险，制订风险防控方案。

（8）交付竣工模型

基于 BIM 技术的竣工模型应包括建筑、结构和机电设备等各专业的相关信息。在三维几何信息的基础上，还应包含材料、荷载、技术参数和指标等设计信息，质量、安全、耗材、成本等施工信息，以及构件与设备信息等。

以上各内容都要有 BIM 应用型人才的参与才能完成。因此，未来 BIM 应用型人才走进施工单位是一大趋势。

### 5.工程总承包企业

在工程总承包企业，BIM 应用型人才要根据工程总承包项目的需求和 BIM 技术的应用条件确定 BIM 应用内容。以 BIM 工程师为例，他们既要在工程的各个阶段（工程启动、工程策划、工程实施、工程控制、工程收尾）开展 BIM 应用工作，又要在综合设计、咨询服务、集成管理等技术含量较高的环节大力推进 BIM 技术的应用。

除此之外，BIM 应用型人才还要优化项目实施方案，合理协调工程各个阶段的工作，缩短工期、提高质量、节省投资，实现与设计、施工、设备供应、专业分包、劳务分包等单位的无缝对接，优化供应链，提升自身价值。工程总承包企业中 BIM 应用型人才的工作内容主要包括以下几个方面。

（1）设计控制

按照方案设计、初步设计、施工图设计等阶段的管理需求，逐步建立多方共享的 BIM，使设计优化、设计深化、设计变更等业务基于统一的设计模型，并实施动态控制。

（2）成本控制

基于 BIM 技术建立施工模型，快速形成项目成本计划，高效、准确地进行成本预测、控制、核算、分析等，有效提高企业的成本管控能力。

（3）进度控制

基于 BIM 技术建立施工模型，对多参与方、多专业的施工进度进行集成化管理，同时全面、动态地掌握工程进度、资源需求，以及供应商生产及配送情况，解决施工和资源配置的冲突和矛盾，确保工程按计划完成。

（4）质量安全管理

应用基于 BIM 技术的施工模型，对复杂施工工艺进行数字化模拟，实现三维可视化技术交底；对复杂结构实现三维放样、定位和监测；实现工程危险源的自动识别和分析，模拟防护方案；实现远程质量验收。

（5）协调管理

基于 BIM 技术集成各分包单位的专业模型，管理各分包单位的深化设计和专业协调工作，提升工程信息交付质量和建造效率；优化施工现场环境和资源配置，减少施工现场各参与方、各专业之间的相互干扰。

（6）交付工程总承包竣工模型

基于 BIM 技术建立工程总承包竣工模型，包括工程启动、工程策划、工程实施、工程控制、工程收尾等工程总承包的全过程，并用于竣工交付、资料归档、运营维护等。

6.运营维护单位

运营维护单位需要 BIM 应用型人才来改进传统的运营维护管理方法，建立基于 BIM 技术的运营维护管理模式、协同工作机制以及运营维护管理的流程和制度等。BIM 应用型人才还要建立交付标准和制度，保证竣工模型完整、准确地提交给运营维护单位。BIM 应用型人才在运营维护单位的具体工作内容有以下几项。

（1）建立运营维护模型

利用基于 BIM 技术的数据集成方法，导入和处理已有的竣工交付模型，再通过运营维护信息录入和数据集成等手段，建立项目的运营维护模型；也可利用其他竣工资料直接建立运营维护模型。

（2）运营维护管理

应用基于 BIM 技术的运营维护模型，集成物联网和 GIS 技术，构建综合运营维护管理平台，支持大型公共建筑和住宅小区的基础设施和市政管网的信息化管理；实现建筑物料、设备、设施及其巡检维修的精细化和可视化管理，并为工程监测提供信息支持。

（3）设备设施运行监控

综合应用基于 BIM 的智能建筑技术，将建筑设备及管线的运营维护模型与楼宇设备自动控制系统相结合，通过运营维护管理平台，实现设备运行的实时监测、分析和控制，支持设备、设施的动态信息查询和异常情况快速定位。

（4）应急管理

综合应用基于 BIM 技术的运营维护模型和灾害分析、虚拟现实等技术，实现对各种可预见灾害的模拟和应急处理。因此，培养 BIM 应用型人才，如 BIM 标准工程师和 BIM 工具研发工程师，在未来工程的运营维护阶段也非常重要。

### 7.咨询公司（BIM 团队）

目前，国内大部分企业 BIM 技术的应用还十分有限，企业中 BIM 人才短缺。就现阶段而言，企业往往是从内部挑选相关专业人员接受 BIM 技术培训。例如，在设计院中，对建筑师和结构设计师进行 BIM 软件培训，但这些人员可能从未接触过 BIM，因此对 BIM 技术的应用往往仅停留在软件操作上。某些有条件的大公司会统一组织培训，然后逐步成立 BIM 团队，专门负责 BIM 相关业务。那些不具备人才储备条件的小公司，则不得不请求外部专业机构的技术支持，BIM 咨询公司应运而生。这些公司专门承接各个单位与 BIM 相关的业务，满足其在 BIM 方面的设计需求或管理需求。

总的来说，从工作内容的角度看，BIM 应用型人才主要有从事计算机网络技术开发、负责协调工作平台日常管理工作的 BIM 技术研发人员，有各个专业（如土建、安装、市政等）负责把 BIM 软件建模技术融入专业设计工作的 BIM 应用工程师，也有利用相关 BIM 软件进行工程项目管理的 BIM 应用人员，还有从事教育行业、参与制定 BIM 标准的 BIM 教育人员。这些 BIM 应用型人才的具体工作岗位常见于各个企业的各个部门。由于 BIM 是新兴技术，并没有完全融入传统建筑行业，因此 BIM 应用型人才也以建筑专业技术人员的形式存在于 BIM 咨询公司这类的企业中。在现阶段，可把所有这些从事 BIM 相关工作的人员统称为 BIM 应用型人才。

# 第二节　BIM 应用型人才素质
# 与能力要求

## 一、BIM 应用型人才的基本素质

BIM 应用型人才的素质包括专业素质和基本素质。专业素质决定了 BIM 应用型人才的主要竞争力；而基本素质则会影响 BIM 应用型人才的发展潜力和发展空间。BIM 应用型人才的基本素质主要体现在职业道德、健康素质、团队协作能力、沟通协调能力等方面。

### （一）职业道德

职业道德是指人们在职业生活中应遵循的基本道德，即一般社会道德在职业生活中的具体体现。职业道德是职业品德、职业纪律、专业胜任能力及职业责任等的总称，属于自律范围，通过公约、守则等对职业生活中的某些方面加以规范。职业道德素质会对 BIM 应用型人才的职业行为产生重大影响，是其职业素质的基础。

### （二）健康素质

健康素质主要体现在心理健康及身体健康两个方面。在心理健康方面，

BIM 应用型人才应情绪稳定，具备较强的社会适应能力、和谐的人际关系、良好的心理自控能力、较强的心理耐受力及健全的个性等；在身体健康方面，BIM 应用型人才应满足各主要系统、器官功能正常及体质、体力良好等要求。

## （三）团队协作能力

团队协作是指在团队合作的基础上发挥团队的力量，互补互助，最大限度地提升团队的工作效率。对 BIM 应用型人才来说，不仅要有个人能力，更要有与团队其他成员密切合作的能力，从而在不同的位置上各尽所能。

## （四）沟通协调能力

沟通协调能力是指管理者在日常工作中能够妥善处理好与上级、同级、下级的各种关系，减少相互之间的摩擦，调动各方面人员的工作积极性的能力。

上述基本素质对 BIM 应用型人才的职业发展具有重大意义：有利于相关人员更好地融入职业环境及团队工作中；有利于相关人员高质、高效地完成工作任务；有利于相关人员在工作中不断学习、不断成长，为之后的进一步发展奠定基础。

# 二、BIM 应用型人才的职业素质

## （一）不同应用领域 BIM 应用型人才的职业素质

如前文所述，按 BIM 的应用领域，BIM 应用型人才可分为 BIM 标准管理类人才、BIM 工具研发类人才、BIM 工程应用类人才、BIM 教育类人才。本节具体介绍这四类人员的岗位职责和能力素质要求。

### 1.BIM 标准管理类人才

（1）BIM 基础理论研究人员

岗位职责：负责了解国内外 BIM 发展动态，包括发展方向、发展程度、新技术应用等；负责研究 BIM 基础理论；负责提出创新理论等。

能力素质要求：具有相应的理论研究及论文撰写经验；具备良好的文字表达能力；具备良好的文献、数据查阅能力；对 BIM 技术有比较全面的了解等。

（2）BIM 标准研究人员

岗位职责：负责收集、贯彻国际及国内行业的相关标准；负责编制企业 BIM 应用标准化工作计划及长远规划；负责组织制定 BIM 应用标准与规范；负责检查 BIM 应用标准与规范的执行情况；负责根据实际应用情况组织 BIM 应用标准与规范的修订等。

能力素质要求：具备良好的文字表达能力；具备良好的文献、数据查阅能力；对 BIM 技术发展方向及国家政策有一定的了解；对 BIM 技术有比较全面的了解等。

## 2.BIM 工具研发类人才

（1）BIM 产品设计人员

岗位职责：负责了解国内外 BIM 产品的概况，包括产品设计、应用及发展等；负责 BIM 产品概念设计；负责 BIM 产品设计；负责 BIM 产品投入市场后的后期优化等。

能力素质要求：了解 BIM 技术的应用价值；具备创新设计能力；具备产品设计经验等。

（2）BIM 软件开发人员

岗位职责：负责 BIM 软件设计；负责 BIM 软件开发及测试；负责 BIM 软件维护等工作。

能力素质要求：了解 BIM 技术应用；掌握相关编程语言；会运用软件开发工具；熟悉数据库的运用等。

## 3.BIM 工程应用类人才

（1）模型生产工程师

岗位职责：负责根据项目需求建立相关的模型，如场地模型、土建模型、机电模型、钢结构模型、幕墙模型、绿色模型及安全模型等。

能力素质要求：具备工程建筑设计相关专业背景；具备良好的识图能力，能够读懂项目相关图纸；具备相关的建模知识及能力；熟悉各种 BIM 相关建模软件；对模型后期应用有一定的了解等。

（2）BIM 专业分析工程师

岗位职责：负责利用 BIM 对工程项目的整体质量、效率、成本、安全等关键指标进行分析、模拟、优化，从而对该项目的模型进行调整，以实现高效、优质、低价的项目总体交付。例如，根据相关要求利用模型对项目工程进行性能分析，以及对项目进行虚拟建造模拟等。

能力素质要求：具备建筑相关专业知识；对建筑场地、空间、日照、通风、耗能、噪声及景观能见度等相关要求比较了解；对项目施工过程及管理比较了解；具有一定的 BIM 应用实践经验；熟悉相关 BIM 分析软件及协调软件等。

（3）BIM 信息应用工程师

岗位职责：负责根据项目模型完成各阶段的信息管理及应用等工作，如工程量估算、施工现场管理、运营维护阶段的物业管理、设备管理及空间管理等。

能力素质要求：对 BIM 项目各阶段的实施有一定的了解，并且能够运用BIM 技术解决工程的实际问题等。

（4）BIM 系统管理工程师

岗位职责：负责 BIM 应用系统、数据协同及存储系统、构件库管理系统的日常维护、备份等工作；负责各系统的人员及权限的设置与维护；负责各项目环境资源的准备及维护等。

能力素质要求：具备计算机应用、软件工程等专业背景；具备一定的系统维护经验等。

（5）BIM 数据维护工程师

岗位职责：负责收集、整理各部门、各项目的构建资源数据，以及模型、图纸、文档等项目交付数据；负责对构件资源数据及项目交付数据进行标准化审核，并提交审核报告；负责对构件资源数据进行结构化整理并导入构件库；负责对构件库中的构件资源进行维护，保证构件资源的一致性、时效性和可用性；负责汇总、提取数据信息，供其他系统及应用使用等。

能力素质要求：具备建筑、结构、暖通、给排水、电气等相关专业背景；熟悉 BIM 软件应用；具备良好的计算机应用能力等。

## 4.BIM 教育类人才

（1）高校教师

岗位职责：负责 BIM 研究（可分为不同领域的研究）工作；负责 BIM 相关教材的编写，以便课堂教学的实施；负责面向高校学生讲解 BIM 技术知识，培养学生运用 BIM 技术的能力；负责为社会系统地培养 BIM 技术专业人才等。

能力素质要求：具有一定的 BIM 技术研究或应用经验；对 BIM 技术有较全面或深入的了解；具备良好的口头表达能力等。

（2）培训讲师

岗位职责：负责对学员进行 BIM 软件培训，提高学员 BIM 软件应用能力；负责对企业高层进行 BIM 概念培训，帮助企业更好地运用 BIM 技术，从而提高企业效益等。

能力素质要求：具有一定的 BIM 技术应用经验；能够熟练掌握及应用各

种 BIM 软件；具备良好的口头表达能力等。

## （二）不同应用程度 BIM 应用型人才的职业素质

如上文所述，按 BIM 的应用程度，BIM 应用型人才可分为 BIM 操作人员、BIM 技术主管、BIM 项目经理、BIM 战略总监四个层次。这四个层次人员的岗位职责与能力素质要求如下。

### 1.BIM 操作人员

岗位职责：负责创建相关模型，基于模型创建二维视图，添加指定的 BIM 信息；配合项目需求，参与后续 BIM 设计、应用工作，如绿色建筑设计、节能分析、室内外渲染、虚拟漫游、建筑动画、虚拟施工周期、工程量统计等。

能力素质要求：具备土建、水电、暖通、工业与民用建筑等相关专业背景；熟练掌握 BIM 各类软件的使用技能，如建模软件、分析软件、可视化软件等。

### 2.BIM 技术主管

岗位职责：负责在各阶段对 BIM 项目进行技术指导及监督；负责将 BIM 项目经理的项目任务分配给具体的 BIM 操作人员；负责协调各 BIM 操作人员工作任务等。

能力素质要求：具备土建、水电、暖通、工业与民用建筑等相关专业背景；具有丰富的 BIM 技术应用经验，能够独立指导 BIM 项目实施，解决技术问题；具备良好的沟通协调能力等。

### 3.BIM 项目经理

岗位职责：负责 BIM 项目的规划、管理，保证 BIM 应用的效益，能够自行或通过调动资源解决工程项目中的技术和管理问题；负责参与 BIM 项目决策，制订 BIM 工作计划；负责设计保障、监督措施，监督并协调相关人员完成项目任务；确定如大项目切分原则、构件使用规范、建模原则、专业内协同设计模式、专业间协同设计模式等；负责把控 BIM 项目的工作进度等。

能力素质要求：具备土建、水电、暖通、工业与民用建筑等相关专业的背景；具有丰富的建筑行业项目设计与管理经验，具有独立管理大型 BIM 建筑工程项目的经验；熟悉 BIM 建模及专业软件；具备良好的组织能力及沟通能力等。

### 4.BIM 战略总监

岗位职责：负责企业、部门或专业的 BIM 总体发展战略，包括组建团队，确定技术路线，研究 BIM 对企业经济效益的影响，制订 BIM 实施计划等；负责企业 BIM 战略设计与顶层设计，保证 BIM 理念与企业文化的融合；构建 BIM 组织实施机构，制订 BIM 实施方案，优化 BIM 实施流程；搭建企业 BIM 信息构想平台，负责 BIM 服务模式与管理模式创新等。

能力素质要求：对 BIM 的应用价值有系统了解和深入认识；了解 BIM 基本原理和国内外应用现状；了解 BIM 给建筑业带来的影响；掌握 BIM 在施工行业的实施方法。

# 三、BIM 应用型人才的能力要求

一般来说，在我国建筑行业中，考查 BIM 应用型人才的能力主要依据专业技术水平和从业能力水平。

## （一）专业技术水平

专业技术水平的考查，通常是通过国家权威部门或组织进行职业资格考试认证来进行的。目前，在我国相对权威的 BIM 专业技术考试有全国 BIM 技能等级考试、全国 BIM 应用技能考试、ICM 国际 BIM 资质认证。

### 1.全国 BIM 技能等级考试

全国 BIM 技能等级考试是由中国图学学会发起的全国范围的 BIM 技能考试，通过相应级别的考试后，由国家人力资源和社会保障部颁发相应级别的证书。为了对该技能培训提供科学、规范的依据，中国图学学会组织国内有关专家，制定了《BIM 技能等级考评大纲》（以下简称《大纲》）。《大纲》将 BIM 技能分为三级：一级为 BIM 建模师；二级为 BIM 高级建模师；三级为 BIM 应用设计师。三级开设三个专业：建筑设计专业、建筑设备设计专业、建筑施工设计专业。每年举行两次考试，一般在 6 月和 12 月。通过全国 BIM 技能等级考试获得的 BIM 技能等级证书是目前国内 BIM 领域最权威的证书，很多国内项目招标文件中明确将 BIM 技能等级证书的数量和级别作为考量企业 BIM 应用能力的标准。

## 2.全国 BIM 应用技能考试

全国 BIM 应用技能考试是对 BIM 技术应用人员的实际工作能力进行考核，既是人才选拔的过程，也是知识水平和综合素质提高的过程。考试的发证机构为中国建设教育协会，通过考试统一颁发相应等级的 BIM 应用技能资格证书。《全国 BIM 应用及技能考评大纲》规定，考试内容分为 BIM 建模、专业 BIM 应用、综合 BIM 应用三级。BIM 建模考评不区分专业，要求被考评者熟悉 BIM 的基本概念和内涵、技术特征，能掌握 BIM 软件操作和 BIM 基本建模方法。BIM 建模考核重点为模型创建能力，要求能够创建建筑工程的基本模型，进行标注、成果输出等应用。专业 BIM 应用考评旨在检查被考评者在专业领域中应用 BIM 技术的知识和技能。按专业领域，该科目的考评分为 BIM 建筑规划与设计应用、BIM 结构应用、BIM 设备应用、BIM 工程管理应用（土建）、BIM 工程管理应用（安装）共五种类型。考察内容为结合专业，应用 BIM 技术的知识和技能。综合 BIM 应用考评旨在检查被考评者对于 BIM 技术在建设项目全生命周期中的应用以及与 BIM 技术多专业、多单位综合协同应用的知识和技能。考察内容包括：组织编制和控制 BIM 技术应用实施规划、综合组织 BIM 技术多专业协同工作、BIM 模型及数据的质量控制以及多种 BIM 软件集成应用等能力，检查被考评者对 BIM 技术前沿和未来应用及潜在价值的认识能力。

## 3.ICM 国际 BIM 资质认证

国际建设管理学会（International Construction Management Institute, ICM）

是全球广为推崇的权威机构，其研究领域涉及全面规划、开发、设计、建造、运营及项目咨询等工程建设全过程。BIM 工程师和 BIM 项目管理总监认证是 ICM 在全球推广的两个证书体系，是欧美发达国家相应职业必备证书。ICM 国际 BIM 资质认证证书等级分为 BIM 工程师、BIM 技术经理、BIM 项目总监，其资质认证的对象包括以下几类。

第一，建设行业相关政府工作人员、建设业主及开发单位、施工企业、设计咨询企业的中高层管理人员。

第二，地产及工程相关学士学位，5 年以上管理层工作经验。

第三，地产及工程相关学士学位、管理相关专业硕士或博士学位，3 年以上管理层工作经验。

第四，地产及工程相关大专学历，取得国家一级建造师或相关执业资格，10 年以上管理层工作经验。

第五，非工程相关学士学位，管理相关专业硕士或博士学位，5 年以上管理层工作经验。

## （二）从业能力水平

从业能力水平的评价主要体现为工程师职称评定。职称按高低分为研究员级高级工程师（正高级）、教授级高级工程师（正高级）、高级工程师（副高级）、工程师（中级）、助理工程师（初级）。然而，目前对 BIM 工程师职称的评定与资格审核并没有一个正式的做法。BIM 工程师的职称评定很有可能会像其他专业一样归入助理工程师、工程师、高级工程师的职称评定流程中。BIM工程师职称评定可参考现行《工程技术人员职务试行条例》。

值得一提的是，要想提高 BIM 应用型人才的基本素质，保证 BIM 应用型人才符合建筑行业的能力要求，离不开相关培训。在我国，常见的 BIM 应用型人才相关培训形式与对象多种多样。在中国 BIM 培训网上，通用的社会培训课程包括 BIM 工程师培训、BIM 技术经理培训、BIM 项目总监培训。

BIM 工程师培训是目前最为常见的培训，其培训对象包括建筑工程相关公司（项目管理公司、监理公司、招标公司、咨询公司）的工程技术人员、项目管理人员，设计院的设计人员、管理人员，建筑工程类大专院校相关专业师生，建筑行业相关政府工作人员，业主及开发单位、施工企业、设计咨询企业中层技术管理人员，以及其他行业有志于研究 BIM 技术的人士。该培训所授课程主要包括"BIM 概论""Revit Architecture 建筑专业建模""Revit MEP 水暖电专业建模""Revit Structure 结构专业建模""Revit 族库的建立和管理""Navisworks 应用介绍"。经过两个月的培训，学员能够具备建筑、结构、机电等方面的三维建模能力、管线综合能力、深化设计能力、施工组织模拟能力，还能利用 Revit 软件进行简单的动画漫游、工程量统计、施工图出图等。

BIM 技术经理的培训是从管理者的角度去深入学习 BIM。BIM 项目的实施必须配以有效的管理才能取得良好的效果，因此要在组织、流程上完善项目管理体系，这样才能保证 BIM 项目落地。BIM 技术经理课程根据企业开展 BIM

应用的需要，在 BIM 主流建模软件操作的基础上，增加了人员组织架构、BIM 软硬件、BIM 实施计划、BIM 标准、BIM 工作流程以及技术路线等课程，旨在分析目前行业内不同的管理模式，探索适合企业的发展之路，增强企业技术力量，培养综合型 BIM 人才。其培训对象包括房地产开发企业的项目负责人及协调人，热爱 BIM 事业并致力于投入精力研究 BIM 的人士，施工企业的技术主管或项目经理，各类设计院的项目经理及技术主管，建设行政主管人员等。为期两个半月的培训课程包括"BIM 项目管理概论""BIM 项目管理核心课程""BIM 设计施工综合应用""BIM 项目实践课程"四大模块。

BIM 项目总监在 BIM 项目团队中扮演着决策者、领导者的角色，相应的培训也是更加深入的 BIM 培训。BIM 项目总监培训的主要内容是借助 BIM 提升企业项目管理能力、战略实施能力，以及借助 BIM 实现精细化项目管理。其培训对象为房地产开发企业、施工总包企业技术中心负责人，房地产开发企业、施工总包企业战略策划者和决策者，致力于提升建筑行业的信息化程度，提高领导者的管理能力。课程模块主要包括"精细化项目管理理念及实施重点""业主方、施工总包方项目管理""企业信息化与 BIM 的爱恨纠葛""新观念：虚拟 EPC""实践案例研究"。

除一些通用的社会培训课程外，还有一些企业内部的培训模块。通常情况下，企业内部培训模块包含设计方、施工方、业主方、轨道交通、市政工程等，如表 3-1 所示。

表 3-1　企业内部 BIM 培训内容

| 企业 | 培训模块 |
|------|----------|
| 设计方 | BIM 基本介绍、BIM 在设计阶段应用介绍（0.5 天）；Revit 软件高级应用（5 天）；BIM 在设计企业实施管理及流程（1 天） |
| 施工方 | BIM 的概念及精细化施工管理概论（1 天）；总承包企业 BIM 项目管理（1 天）；Revit 全专业软件培训（12 天）；基于 BIM 的施工企业成本风险控制（1 天） |
| 业主方 | 业主方 BIM 项目管理——项目级（1 天）；业主方 BIM 项目管理——企业级（0.5 天）；BIM 概论（0.5 天）；业主实施 BIM 战略分析（0.5 天）；软件介绍及基本应用（3 天） |
| 轨道交通 | BIM 在轨道交通行业全生命周期的应用（0.5 天）；施工单位企业级 BIM 实施，以中交第二航务工程局为例（0.5 天）；轨道交通业主企业级 BIM 实施，以广州地铁为例（1 天） |
| 市政工程 | BIM 基本介绍（0.5 天）；点和点编组（0.5 天）；曲面（1 天）；路线（0.5 天）；纵、横断面（0.5 天）；道路（0.5 天）；放坡（0.5 天）；场地（0.5 天）；地块（0.5 天）；LandXML 的导入和导出（0.5 天） |

# 第三节　BIM 应用型人才职业发展

## 一、BIM 应用人才市场需求

由于 BIM 行业并未完全成熟，因此在行业内，相同的职位在不同的公司其待遇也有一定的差别，下面对一些常见的 BIM 工作岗位进行市场需求与待遇的对比分析。

## （一）BIM 建模员

BIM 建模员主要负责翻模，在几类不同的岗位中待遇相对较低。很多公司并未明确区分 BIM 建模员的工作职责。例如，天津某设计单位招收了一大批 revit 建模员（大多为刚毕业的大学生），其技术能力的提高主要通过自主学习和主管指导。BIM 建模员的主要工作就是对每个专业的设计图纸进行翻模，或参与制作设备构件模型库。还有一部分 BIM 建模员是软件开发公司的数据库建模员，要参与创建参数化构件模型（revit 族、P3D 构件等）。跟其他岗位相比，这类岗位用人成本低，平均月薪在 2 500～3 500 元，大多不参与项目分红。

## （二）BIM 技术工程师

BIM 技术工程师一般具备几年的工作经验，虽缺乏专业知识，但具备很强的软件应用水平，对 BIM 有一定的了解。该类人员在 BIM 团队中处于核心地位，专注于 BIM 技术的前沿性研究、标准制定及技术推广工作。BIM 技术工程师在设计院、BIM 咨询单位、软件推广单位中占有很大比重。这类人员一般具备较强的学习能力，技术水平较高。BIM 技术工程师的月薪平均为 5 000～8 000 元，也可能更高。这类人员一般还享有项目分红。

## （三）BIM 专业工程师

BIM 专业工程师有相关专业背景，如土建 BIM 工程师。相对来说，该类人员在行业从业人员中的占比不会超过 BIM 技术工程师，他们可能没有很强

123

的技术应用能力，但优点是具备专业知识。相较于只懂软件不懂专业知识的技术人员，他们在将来会有更多的话语权。随着 BIM 技术的普及，BIM 技术工程师是否会被 BIM 专业工程师取代还未可知。目前，很多设计院的 BIM 专业工程师都较为年轻，对新技术有较强的接受能力，前途不可限量。这类人员的年薪通常能达到 15 万左右。

## （四）技术开发人员与 BIM 技术开发工程师

技术开发人员与 BIM 技术开发工程师专注于对 BIM 技术进行二次开发。BIM 软件公司对这类人员的需求量很大，但整个 BIM 人才市场对这类人员的需求量不是特别大。这类人员的月薪一般比较高，但是企业对其软件专业水平的要求也很高。

## （五）BIM 咨询顾问

目前，市场对 BIM 咨询顾问从业人员没有明确的要求，一般是由对建模知识、BIM 技术、专业知识都有一定了解的人员来担任。但由于每个人在这三个方面的擅长程度不同，因此市场对这个岗位没有统一的薪酬标准。

此外，BIM 行业的岗位需求还有 BIM 项目经理、BIM 制图员、BIM 技术研究人员、BIM 应用开发人员、BIM 技术支持人员、BIM 系统管理员、BIM 数据维护员、BIM 标准管理员等，在此不再一一介绍。

# 二、BIM 应用型人才职业发展趋势

## （一）职业要求的专业化与综合化

在未来，建筑设计行业会向集成化、协同化的方向发展。集成化体现在两个方面，即设计信息集成化和设计过程集成化，也就是在信息集成的基础上，充分利用计算机和网络方面的新技术，组织建筑各专业的设计人员在高效协同的环境下进行设计工作。因此，实现设计集成化要解决的第一个问题就是信息集成化。BIM 正好可以承担这一任务，它是整个建筑工程行业从单一化走向数字化、信息化的标志，因而，它将会成为信息集成化的实体。

在未来，可基于 BIM 技术建立各专业设计人员共同参与的协同设计平台，进而实现设计过程的集成化和设计流程的协同化。在这样的工作方式下，团队之间的协同设计会更高效。在网络环境下，基于 BIM 技术能将各专业工程师的计算机串联起来，通过相关软件，能在同一个平台上、同一个文件中，实现多人、多专业的设计协作、数据共享及信息交流与沟通等。任何人只要在这个平台上，就能及时发布和更新自己或团队其他成员的最新设计成果，无论是在同一间办公室还是在不同的办公楼，甚至异地都可以高效地进行协同设计。另外，在 Revit 系列软件的帮助下，通过先进的"工作集"方式，各专业设计师可在实时协调、实时沟通的前提下，进行同步设计，并且各专业不必重复建模。这样一来，设计团队间就实现了连线协同设计。

在同一操作平台上，各专业的设计成果能更直观地展现出来。利用信息化手段，BIM 技术能将原本单调枯燥的设计图纸变成直观形象的设计图像。各专业的三维模型组合在一起，从里到外、从上到下，不但有利于工作人员便捷地了解各专业的设计信息，同时也有利于简化设计流程，减少重复工作，缩短设计时间，提升工作效率和设计质量。不过，目前虽然能通过 BIM 技术将设计图像三维化，但是部分企业工作人员的协同方式还有继续提升的空间。

总的来说，很多工程师从开始接触 BIM 设计理念并运用 Revit 系列软件进行协同设计，感触最深的就是"只有想不到，没有做不到"。职业要求的专业化与综合化，代表的是一种严谨的态度、一种精益求精的精神——这才是 BIM 应用型人才的真正价值。

## （二）职业数量大增

BIM 丰富了项目管理工具。各参建方基于 BIM 技术展示施工计划、施工方法、完成情况、所需公共资源等，能使相关方更清楚地了解工作衔接情况，保证施工项目按计划顺利进行。在未来，会有更多 BIM 应用型人才从事相关职业，这也为 BIM 应用型人才的职业规划提供了方向。

设计施工一体化有利于控制建设风险，提高项目的运作效率。BIM 技术的应用，加强了设计方与施工方的沟通，设计施工一体化使得设计与施工的矛盾由原本的外部矛盾转化为承建商的内部矛盾，减少了不必要的协调工作和多余的管控对象，避免了施工方利用设计方的失误向设计方索赔的情况。承建商拥有施工技术优势，基于 BIM 技术，相关人员在设计阶段就可以把施工技术考虑进去，有利于承建商更好地发挥整体优势，大大降低建设项目成本。承建商还拥有资源优势，如施工机具和施工人员等，在设计阶段应用 BIM 技术，可发挥承建商的施工资源优势，使承建商的利益最大化。BIM 信息的完备性保证了项目生产的精确性。施工企业可采用 4D BIM 技术对所有项目进行集中管控，随时生成各地区在某一时间段内所需的资源数量和采购数量。在此基础上签订采购框架协议，从而保证采购数量和预计成本的精确性。

任何一个新事物或新方法的出现都有一个接受的过程，况且 BIM 技术还处在不断进步和完善的阶段。重要的是我们能否改变自己陈旧的设计理念，有没有信心去完全接受它、掌握它。因为软件辅助工具最核心的永远是人的专业知识和管理水平。随着 BIM 技术的应用和普及，越来越多的人认识到 BIM 的重要性，相信也会有越来越多的 BIM 从业者。

### （三）不同职业的供给量不断变化

中国有句古话：一个好汉三个帮。要想充分发挥 BIM 的作用，仅靠一两个人是不行的，必须全面推广 BIM 技术，让每个工作人员都能熟练运用 BIM 技术，这样才能更好地发挥每个工作人员的力量。

BIM 作为一种新的建筑设计和管理技术，一定程度上为建筑行业的发展注入了新鲜血液。作为一种新技术，它极大地优化了建筑行业的发展环境，也在一定程度上提高了建筑工程的集成化程度。BIM 技术的应用也产生了巨大的社会效益，加快了整个建筑行业的发展速度，带来了大量的就业机会。项目动工前，业主就应召集设计方、施工方、材料供应商、监理方等各单位一起搭建一个建筑信息模型，然后各方将建设数据等及时导入模型，共享信息，及时沟通，以这个模型为基础开展工作。在这种模式下，施工过程中不再需要设计院修改图纸，材料供应商不能再随便更改材料，建设各方不用每次进行滞后的会议讨论。同时，不同职业的 BIM 工作人员各司其职，精诚合作，真正实现信息的即时共享。

总之，BIM 在未来有着广阔的应用前景，BIM 应用型人才应顺应时代潮流，在技术、知识等方面做好准备，这样才能满足市场的需求。

# 第四章　BIM 应用型人才
# 培养模式的构建策略

本章主要论述 BIM 应用型人才培养现状，提出了构建 BIM 专业工作室教学模式，建立校企合作的 BIM 人才培养模式，建立可持续发展的 BIM 教学体系等 BIM 应用型人才培养模式的构建策略，旨在为解决 BIM 人才的培养问题提供参考。

## 第一节　BIM 应用型人才培养现状

### 一、BIM 应用型人才主要培养途径

目前，BIM 应用型人才的主要来源包括建筑行业从业人员和建筑土木类高校生两大类。根据培养主体和组织方，可将 BIM 应用型人才的主要培养途径分为 BIM 软件公司培训、BIM 专业机构培训、BIM 应用企业内部培养及院校 BIM 人才培养。

### （一）BIM 软件公司培训

BIM 理念进入我国后，国内软件商通过对国外软件的本土化及自主研发，逐渐建立了国内 BIM 市场及早期的 BIM 专业应用人才培训体系，培训内容为各软件公司研发的 BIM 软件操作和应用技能。软件公司通常采用的途径如下：一是以校园招聘等形式招聘实习生进行统一软件培训，通过提供就业机会将具有专业意识与软件操作能力的人才引至企业；二是以师资培训为基础，采用"软件培训＋校企合作"的方式，与高校合作培养 BIM 应用型人才；三是采用"软件售卖＋软件培训"的方式，对购买软件的企业进行定向培训。BIM 软件公司培训都是以推广自家软件为主，教学内容主要为软件操作与应用技能，与专业知识的结合度较低，教学对象是有一定专业知识与工程建设经验的从业人员。总的来说，软件公司开展的培训规模较小，无法满足行业对 BIM 应用型人才的需求。

### （二）BIM 专业机构培训

随着 BIM 技术的不断推广，建筑行业对 BIM 应用型人才的需求逐渐加大，由此产生了 BIM 技术专业培训机构，如比目鱼、EABIM、优比、柏慕进业等。这些 BIM 专业培训机构发布相关培训信息，统一组织报名人员集中进行 BIM 技术培训，培训仍以 BIM 主流软件的功能应用为主，并结合工程项目进行 BIM 技术实战培训。由于认识到 BIM 培训市场的潜力，许多培训机构，如筑龙教育、华筑教育、鲁班教育等也开设了 BIM 相关课程或培训班，并结合自身原有专业培训优势，形成按建筑行业特点开设的 BIM 培训体系，如 BIM 建筑专业培训、BIM 结构专业培训、BIM 造价专业培训等。专业机构通常会与行业协会合作，并授予结业学员 BIM 证书。目前，BIM 专业机构培训市场仍比较混乱，缺乏规范性和统一性；注重讲解软件功能的较多，让学员通过多种途径学习的较少；虽涉及一定的专业知识，但尚未形成多软件、多专业的搭配。

## （三）BIM 应用企业内部培养

建筑信息化及数字建筑等技术的发展使得企业日渐重视 BIM 技术的应用，部分大型企业已经将 BIM 技术应用作为企业的重要战略，亦十分重视 BIM 应用型人才的培养与团队建设。对于企业来讲，大多希望直接招聘高校毕业生、专业技能人才等 BIM 应用型人才，这种方式下人才的培养成本低、风险小，但现实情况中，招聘结果并不乐观，因此有规模的企业开始探索建立企业内部的 BIM 人才培养体系。企业通过选拔统一组织人员进行 BIM 技能培训，采取与专业培训机构合作等方式，或聘请企业内部已有的 BIM 人才开展内部培训。企业培训的主要内容为 BIM 软件的功能应用，BIM 技术应用的各种管理模式与流程，以及结合项目的 BIM 技术实践应用等。企业内部培养体系的针对性和目的性较强，教学内容与企业需求紧密相关，但相较于专业的培训机构，企业培训的组织效果较差，同时由于学员一般还要兼顾正常工作，导致学习意愿较低。

## （四）院校 BIM 人才培养

BIM 课程教学能够满足建筑行业高质量发展形势下对专业人才技能的精细化、高品质要求，而如何将 BIM 知识融入专业教学则是院校相关专业教学改革的重点。院校 BIM 人才培养途径较多，目前最常见的有以下三种：一是新开设独立的 BIM 课程，如浙江财经大学工程管理专业 2017 年新增 BIM 技术应用课程；二是在现有专业课程中融入 BIM 相关内容，如将 BIM 与工程造价专业课程相结合，或将 BIM 知识纳入课程大作业、课程设计、毕业论文或毕业设计中；三是建立 BIM 实验中心（研究中心），将 BIM 技术与学生的竞赛、创新创业等项目结合，如浙江财经大学工程管理专业 2015 年设立 BIM 工作坊，工作坊与各行业 BIM 竞赛对接，组织学生进行 BIM 技能实训，以赛促学，帮助学生掌握 BIM 应用技术。另外，有少部分院校成立 BIM 学院或开设 BIM 专业，如吉林建筑大学成立 BIM 学院，华中科技大学设有 BIM 方向的项目管理工程硕士等。实际上，当前的院校大多将 BIM 视为一种技术，应用于专业课程教学或实践能力培养中。

# 二、BIM 应用型人才培养存在的问题

BIM 应用型人才培养由行业发起，近年来受到教育界与建筑业的重视，形成了 BIM 应用型人才培养的多种途径。随着 BIM 技术应用的不断深入，当前我国 BIM 应用型人才培养存在以下问题。

## （一）人才培养规模的局限性

如前文所述，当前 BIM 应用型人才培养主要有企业培养与高校培养两条途径。企业培养的对象主要是建筑行业从业人员。一方面，相关调查发现，从业人员对 BIM 培训的兴趣并不高；另一方面，由于 BIM 人才培养成本较高，通常会进行层层筛选。高校培养对象为建筑、土木类高校生，其基数较大，再加上院校的 BIM 教学改革仍在探索中，高校生在校仍以学习传统专业知识为主，毕业后从事 BIM 技术应用工作的学生较少。整体而言，目前 BIM 应用型人才培养还未形成规模效应，暂时不能满足行业对 BIM 应用型人才的需求。

## （二）人才培养层次的无差别

就企业培养途径来说，无论是软件公司培训、专业机构培训还是企业内部培养，都以软件速成培训为目标，注重软件功能的讲解与应用，培养的人员同质化现象较为严重。就院校培养途径来说，本科院校与高职院校应差别化发展，形成多层次的 BIM 人才格局，但目前院校多将 BIM 作为一种技术，层次化的人才培养格局尚未形成。

## （三）人才培养深度的局限性

调查发现，现阶段 BIM 应用型人才中"会建模"的人很多，但是"会建模、会用模"的人很少。这是因为 BIM 技术涉及软件、技术、管理等多方面的知识，其人才培养需要考虑专业属性、软件属性与教育属性，不应局限于软件教学，而是应根据需求进行多软件、多专业的搭配，使培养的人才具备多专业的综合知识。导致上述问题的根本原因是 BIM 仅被视为一种信息化技术，而不是一种知识体系。实际上，BIM 作为跨专业的知识体系，需要跨专业的协作培养。

## （四）人才培养水平的局限性

在 BIM 应用型人才中，数量最多的是 BIM 专业应用人才。要培养 BIM 专业应用人才离不开 BIM 技术教学，它是满足社会对 BIM 应用型人才需求的根本保障。如今，BIM 技术在建筑行业各个领域的应用和推广逐渐深入，BIM 人才对社会发展的贡献日益突出，这使得 BIM 高端人才培养成为各个高校日益重视的问题。而要想真正将 BIM 教育落到实处，则需要大量具备专业应用能力的教育工作者。在实际的 BIM 教学中，最不利的因素就是 BIM 应用型人才的缺失，专业教师不具备足够的项目实践能力，并且教师在 BIM 实际应用方面的能力不足，导致 BIM 教学难以顺利开展。BIM 涵盖建筑工程的施工、造价、设计、决策、招投标等多方面的信息，因此 BIM 技术应用要求相关人员在工程设计、管理、施工等方面具备较高的素质，并要求其具备一定的现场管理经验。目前，我国 BIM 应用型人才的培养水平有限，专业教师的专业能力与BIM 应用型人才的培养要求之间还存在一定的差距。

# 第二节　构建 BIM 专业工作室
# 教学模式

## 一、BIM 专业工作室教学模式的基本认识

### （一）工作室教学模式的起源

在世界设计史上，德国著名设计教育大师格罗皮乌斯（Walter Gropius）于1919 年在德国魏玛创立国立包豪斯设计学校，标志着现代设计教育的诞生，对世界现代设计的发展产生了深远影响。德国包豪斯学派作为 20 世纪初期的一个重要学术流派，其教学理论也是世界 BIM 领域中最权威、最具代表性的理论体系之一。

1919 年，格罗皮乌斯起草了《包豪斯宣言》，宣言中强调："艺术不是一种专门的职业，艺术家和工艺技师之间在本质上没有区别，艺术家只是一个得意忘形的工艺技师。在灵感出现并超出意志的珍贵片刻，上苍的恩赐使他的作品变成艺术的花朵。然而，工艺技术的熟练对于每一个艺术家来说都是不可欠缺的。真正创造思维和想象力的根源即建立在这个基础上面。""让我们建立一个新的设计家组织。在这个组织里面，绝对没有那种使工艺技师与艺术家之间树立起来自大障壁的职业阶级观念。同时，让我们创造出一幢将建筑、绘画及雕刻三位一体的新的未来殿堂，并用千百艺术工作者的双手将之矗立在云霄

高处，成为一种信念的鲜明标志。"

"工作室"的概念起源于包豪斯学校的"作坊制"，《包豪斯宣言》中提出"艺术是教不会的，但工艺和手工技艺是能教得会的"。因此，在包豪斯学校设立了相当多的工艺作坊，如金工作坊、陶艺作坊、纺织作坊、木工作坊等，让学生到作坊中体验实际生产，手脑并用地去学习。在这种学习方式下，学生能深入理解所学到的知识，提升自己的动手能力，并且能提高学生学习的积极性。作坊式的教学方式主要以技术实践为主导，艺术和技术相结合。

包豪斯学校作坊制的教学思想倡导将所授课程进行分类，把教室变成"工厂"，进行不同类别的实验学习，教师是项目的负责人，负责组织安排工作内容，把学习内容转化为一个个实验项目，学生在不同的实践项目中进行学习。

在转变授课方式以后，得到的是一个研究型的实践基地，具有较轻松的学习氛围，也可以增强师生之间的互动，在相互讨论的过程中，碰撞出创新的思想火花，产生具有新意的设计作品。为达到更好的教学效果，在工作室的教学配置上应该更人性化，除了基本的实验、生产器材，也可提供更丰富的课外资料等，便于学生接收最新、最全的资讯。需要指出的是，包豪斯学校的教学体系受到功能主义思潮的影响，过于强调技能训练。在新时代背景下，新技术、新材料、新思想不断涌现，现代工作室要适应时代的变化，不断调整自身状态，使学生具备迅速吸收新事物的能力，让自身的设计能力与时俱进。

包豪斯学校崇尚不同于传统美院的教学方法，在教学中主张学生既要掌握手工艺，又要了解现代机器生产的特点；在教学安排上，包豪斯学校注重手脑并用，强调操作训练与理论指导相结合。借鉴包豪斯学校的教育理论，我们可以构建一种工作室教学模式，该模式是教学、研究、实践"三位一体"，强调教学为研究和实践服务，研究为教学和实践提供理论指导，实践为教学和研究提供验证结果。目前，在西方现代设计教育中大都沿用这一教学模式，在培养学生的专业技能、实践技能等方面都有极大的帮助。简单来说，包豪斯学校的教育理论有以下借鉴意义。

一是理论与实践并重。包豪斯学校在教学安排上十分注重理论与实践相结合，要求学生手脑并用。在三年半的学习时间内，首先是为期半年的预备教育，分别为材料研究、基本造型、工厂原理与实习等基础课程。结束这段教学后，学校根据学生能力将学生送到合适的工厂中去实习，开始为期三年的"学徒制"教育。这一过程中，学生要将在课堂上学习到的理论知识用于工作室、车间的实践项目。在 BIM 课程的设置上，根据包豪斯学校课程设置的原理，同样可将理论和实践的课程相结合。一些理论课程如设计史、建筑史、设计概论可以与模型制作、建筑制图、专业绘画等课程结合，或是在单一的课程中增加不同类型的教学方式，如在理论性较强的课程中安排动手练习的教学内容，使教学的方式更灵活、内容更丰富，使学生对知识的掌握更牢固。

二是实践性对基础能力培养的重要性。包豪斯学校"学徒制"的教学场地大多为工厂车间，因此更注重人与人的交流。在"学徒制"的教学环境下，学生与学生、学生与教师、教师与教师之间是一种合作关系。在"学徒制"的工作环境下，教师之间的交流更为便利，同时也能起到相互监督的作用。而学生之间的沟通交流显得尤其重要，在"学徒制"的学习环境下，多为合作项目，不同于原来独自学习的方式，由于生活习惯、学习方法之间的差异，合作过程中必定会产生摩擦，如何正确处理人际关系就是一个重要命题。在合作项目中，合作伙伴是一面镜子，学生可以观察他人的反应，并及时调整自身的行为，在这样一种良性的互动氛围中巩固、扩展自己的专业能力。

三是教学实施的环境与操作方法。包豪斯学校的设计教学理论提倡民主、平等的交流氛围，强调对教学进行反思，从而提升教学质量。民主、平等的氛围主要是来自校方的支持，良好的外部环境有利于构建一个相对自由的交流平台。另外，个人素质也是极其重要的组成部分。包豪斯学校要求教师具有民主平等的教学思想，教学过程中要进行教学反思，具体操作方式如下：首先，同事之间要有足够的交流，教师之间对教学过程中出现的问题进行讨论，并从自身出发，找到有效的改善方法；其次，教师之间相互旁听教学，在听取意见后进行消化，改进教学内容；再次，教师之间进行二次旁听，检验反思成果；最后，听取学生意见，通过所得反馈改善教学计划。这一做法的前提是教师与学生的意见交流是真诚的。形式上可以多样化，教师可采用直接询问的方法，也可采用问卷调查法或与学生单独进行交流，最终目的是提高自身教学水平，从而促进学生的发展。

（二）工作室教学模式的理论基础

工作室教学模式是一个开放的教学平台，在此基础上将教室、课程和实践融为一体。建构主义教育观对构建工作室教学模式有着积极的启示作用。

建构主义最早是由瑞士心理学家皮亚杰（Jean Piaget）于 20 世纪 60 年代提出的，其观点认为，学习是在和周围环境互相作用的过程中，逐步建构起对于外部世界的理解，使自身认知结构得到发展。所谓建构，指的是结构的发生和转换，只有把人的认知结构放到不断的建构过程中，动态地研究认知结构的发生和转换，才能解决认识论问题。

将这一理念运用到教学上始于 20 世纪 80 年代末。建构主义认为知识是发展的，个人以社会文化交流为手段建构自己的知识体系；注重学习者的主动性与情境性，学习者本身是知识建构的中心，教师、学校、生活环境是知识建构的导向因素。这一理念为工作室教学模式的构建提供了有益的借鉴。

第一，在建构主义教学观下，教师与学生不再是传统的师生关系，教师的主要任务是将学生引导到学习中来，并为学生创造优良的学习环境，合理地安排课程内容。在工作室教学模式下，教师的角色是学习的引导者。在新时代背景下，教师除了要具备丰富的专业教学经验外，也要对与之相关的人文科学、社会科学、自然科学有所了解，形成一套相对完整的知识体系，带领学生走上一条更为宽广的专业道路。

第二，在培养学生的过程中，建构主义教育观更注重对学生综合能力的培养。与传统教学中以知识传授为主的教学方式不同，建构主义教育观将学生理论联系实际的动手能力提升到一个新的高度。在工作室的实践教学平台上，导师制的教学模式可以让学生参与到课题研究、设计竞赛或者与学校有合作关系的公司实际项目中来。在这些可实际操作的项目中，要求学生学习如何进行调研、策划、统筹等，这一过程能有效解决学生在校期间社会经验不足这一问题。教师构建工作室时对照的是企业的运作模式，这也使学生能更早地熟悉公司的工作氛围，使学生的就业更为顺利。

第三，建构主义教育观下的评价机制有利于提高学生的学习积极性。建构主义教育观强调的评价重点是知识的建构过程，这一点也适用于工作室的教学模式。一直以来，传统教学都是以一次性的期终考试来评定学生的学习成果，这种评价机制得出的结果无疑是片面的。建构主义教育观认为，获得知识的过程才是学习的重点。在工作室教学模式下，主要的评价依据是学生在教学过程中对知识的运用情况，或者在日常教学中教师以工作室为单位对学生进行考核，其中包括学生的自我评价、团队评价、教学评价等，这些评价都更加注重对学生在知识建构过程中表现出的创新能力、实践能力、团队协作能力进行综合评估。

## （三）工作室教学模式的构成要素

### 1.管理模式

工作室教学模式相对灵活，应当由院系自主设计，在学科建设上，院系负责人负责制定专业教学大纲、发展规划目标、建立考核指标、聘任责任教授、建设专业学科组等。专业学科组的任务包括负责拟定本专业的学科发展计划、制定教学大纲、组建专业工作室等。再以工作室为单位，选定一位负责人进行管理，负责专业研究方向、课题组织、对外合作等教学组织活动。

### 2.师资配备

合理的师资配备能使工作室的教育、教学健康发展。作为一个综合性学科，

BIM 工作室的师资来源以技术、建造、市场三个方面为主。建设教学团队的意义在于将理论与技能相结合，让学生获得全方位的教学感受。而对于教师个体来说，既要有扎实的理论基础，又要具备较强的专业实践能力。

### 3.教学课程体系与方法

工作室的教学课程体系要遵循学生的认知与职业成长规律，目标是培养学生的专业知识技能、行为规范及正确的价值观。不同于传统教学方式，工作室教学模式下的课程开发应由合作企业的教学负责人与学校的专业教师共同完成，以项目任务为载体，对 BIM 专业课程进行系统设计。在教学方法上做到教育、实践、研究"三位一体"，教师在整个教学过程中对教学任务进行引导，推动学生自我实践能力的发展；在教学评价上更注重过程性与综合能力的考评，考评内容多元化。

# 二、BIM 专业工作室教学模式构建策略

## （一）加强工作室教学设施与教师团队建设

### 1.加强工作室教学设施建设

首先，硬件设施是开展教学的基础。根据高校的实际情况，只有满足工作情境的特殊要求，才能让师生处于良好的学习与工作状态中。根据工作室教学模式的流程，主要优化以下几方面的教学设施。第一，教学工作室。在专业基础课程中设置基础类专业学习工作室，在基础类的专业学习中加强与教师的沟

通；注重课程设计专业，并设置创意教学工作室，学生可以自主研究学习。第二，工作车间的设置。根据设计专业的分类，设置不同的工作车间，使工作室可以在工作车间制作设计方案。第三，资料室建设。学校应设立专业资料室供师生查阅，学习用的专业档案也可以放置在资料室中，以供学生使用。第四，展厅与陈列厅的利用。学生的作品可在展厅中展出，通过师生的观摩与交流使学生对每次的设计内容有更为深刻的领悟，同时对不同年级的学生也有一定的借鉴意义。

其次，在工作室的自我建设过程中，可以采取以下措施。第一，工作室需确定一定标准的工作室建设支出，在每个项目结束后将一定比例的资金划分到工作室建设基金上来，保证工作室能获得最新的资讯和相对完善的设计设备，包括图纸打印机、扫描仪等公共资源。第二，在一些基础条件较差的工作室中，学生可将自己的一些设计设备带到工作室，减少工作的开支。其中，最主要的是计算机设备，学生可在工作室使用自己的电脑，这样不仅节约了支出，同时也增强了学生爱护工作室财产的意识。第三，高校对工作室的支持。高校在自己能力范围内应尽可能地加大对工作室的财政支持力度，创造一个相对舒适的工作、学习环境。

最后，大型设备的商业合作模式。一部分大型设备由于使用频率不高、保养费用昂贵，学校可能无法将其应用到教学中来，因此可采用商业合作的方式。高校在拥有一批大型设计设备的前提下，可将其承包给商家，进行商业运营，高校收取场地与设备租赁费用，同时签订教学与商用合同，在一定时间内满足教学的使用。

## 2.加强教师团队建设

（1）明确教学团队建设的目标

团队是指一群才能互补、团结合作、为共同目标而奋斗的人。在团队中不仅强调个人的工作能力，更强调团队的整体运作。团队精神的构建是形成团队凝聚力、发挥团队作用的基础。教学团队作为团队的一种，它具备团队的一般属性，同时体现教学的特殊性。教学团队主要是以专业建设、课程建设等为工作任务，整合教师资源，在教学研究、教学实施与改革等方面进行业务组合，在高校中由一定数量工作能力互补、职称结构合理、教龄年龄呈梯次组合的教师构成。同一团队的教师应认同课程建设、专业建设等方面的共同目标，并能积极配合、分担责任，为打造共同的品牌专业和精品课程而努力。

首先，建设目标明确。组建一支专业的教学团队，明确的目标是原动力。专业教学团队建设的内容包括基础条件、课程建设、教学管理等。在教学成果上体现为建设达到一定水平的特色专业、品牌专业，归根结底是为了提高教学质量。其次，人员梯队结构合理。团队是由人组成的，团队目标也是由人去实现的。合理的人员梯队体现在结构层次的完整性上，包括学历结构、年龄结构、专业领域结构、职称结构等多方面。一个合理的教学团队结构保证了团队的持续发展。再次，团队具备分工协作精神。由于团队中每个人所处的位置不同，有核心人员、团队负责人员、一般人员等，因此团队中的个人承担着不同的工作任务。而专业建设往往涉及多个方面，需要团队成员之间合作完成，所以团队中的各个人员既要分工明确又要能相互协作，从而实现资源的优化整合。最后，科学的业绩激励机制。教学团队成功与否体现在教学效果、教学水平、人才培养质量、教学设施建设等方面。优秀的团队业绩激励机制能激发团队的创造力，促进其可持续发展。

（2）注重培养专业教师的素质

在 BIM 专业教师的培养过程中，最为重要的是培养教师的实践素质。在工作室进行教学的教师要有企业实践的经历，能够承担校企合作的工作室项目，同时要在学校中设立专业教师进入工作室教学的考察标准。

工作室教师团队发展的目标是在高校中培养一批专业带头人，使其达到副高职称，并逐步培养以下几种能力：课程建设与开发能力，教研教改能力，专业发展方向把握能力，应用技术开发能力等。

培养专业教师的主要措施如下：制定切实可行的教师培养方案，并且进行年度验收与考核标准；让教师带着相关课题进入相关企业进行一个月的培训；教师要参与专业方案的制订；让教师参与校办工厂的技术项目研究；组织教师进行技能竞赛，促进专业教师和骨干教师教学能力的进一步提高，同时鼓励教师积极参加国内外的培训课程。

通过专业的课程培训，使教师的教育教学能力、实践能力、专业知识、技术服务能力等方面的综合素质得到显著提高，融入企业生产环境，熟悉企业的生产流程，提高教师的教育创造能力和自我学习能力，让教师学到的知识在实践中发挥示范作用，帮助其成为骨干教师。

（3）加强企业兼职教师团队建设

工作室的教师团队可依托各企业，组建企业兼职教师团队，或者根据学校的实际情况组成相对稳定的工作室教师团队。在校企合作工作室的基础上对教师进行培训，拓宽教师的视野，鼓励兼职教师参与课程设计并提出意见。

工作室要对兼职教师进行准入考核。兼职教师要有 5 年以上的专业实践经验，2 年以上的兼职教学经验，有较强的社会责任感和良好的职业素养。试用期为一个学期，经过考核后方可长期聘用。工作室可在兼职教师的推动下创新教学形式。由于具备企业管理能力的优势，兼职教师可按照企业的要求来规划教学内容，帮助学生适应市场要求。另外，要提高兼职教师授课待遇。为提高兼职教师的教学积极性，除去课时津贴之外，学校应该对其教学效果给予教学成果奖励。

## （二）打造工作室教学模式

学生可通过了解不同工作室的艺术风格、教学方式和教师情况，选择进入自己喜欢的工作室，最大限度地促进学生个性的形成与发展，培养自己的审美情趣。教师通过独特的创作风格、授课方式以及人格魅力，让学生领悟艺术的真谛；通过指导学生创作实践，提供优秀的创作范本，体现教学的趣味与格调，提高学生的审美能力和创造能力。

工作室教学模式融"教、学、做"于一体，能极大地提高学生学习的积极性，使理论与实践相结合，提高教学效果。工作室教学模式对教师提出了更为严格的要求，教师必须精心设计每一节课，课堂教学指导要有针对性，通过严谨治学、勤奋创作，探寻有价值的教学主题。

### 1.搭建教学实践平台

"纸上得来终觉浅，绝知此事要躬行。"包豪斯学校的教学模式改变了传统艺术的教学模式，使学生在学习过程中能深入理解所学知识，掌握各种技能，从而提高学生的实际动手能力。在这种教学模式下，教学成果直接以作品的形式展现，大大激发了学生学习的积极性。因此，高校可借鉴包豪斯学校和现代企业的成功经验，结合现代 BIM 教育的特点，以工作室为基本框架构建相互关联、网络分布的三级教学实践平台。

（1）一级平台

学校总体协调、促进院校之间和校企之间的交流与合作，负责工程设计研究所负责人的选拔任命等。国内外其他工程设计院校为工作室提供交流合作环境及可借鉴的经验，学校可安排企业（公司）内部有丰富实践经验的工程设计师进入工程设计研究所，补充师资力量。

（2）二级平台

建筑工程院系的师生是工作室的主要力量，工程设计研究所实现对外服务，同时为工作室的人才引进提供便利。

（3）三级平台

工作室由教师负责，以实际课题为教学内容，研究方向独立，同时注重专业之间的相互渗透，便于整合教学资源，统筹安排师资、教学设备和实验室建设等，实现优势互补，增进不同专业间的学术交流，促进学生之间的沟通，营造相互影响、相互依存和相互促进的团队氛围。工作室若学员充足，则可划分为若干小组来开展教学活动。

## 2.构建工作室制课程体系

### （1）构建职业型、任务化的项目课程体系

以专业技术领域所需的能力为目标，以工作任务为导向，构建职业型、任务化的项目课程体系，主要由三个阶段和多个项目课程模块构成。第一阶段，基于岗位要求，在校内进行基础课程学习和基本技能训练；第二阶段，基于工作过程，进行专业课程学习，围绕工作任务，以虚拟项目为载体，使课程内容与工作任务动态联系，进行职业素质培养、岗位技能知识学习与岗位技能训练；第三阶段，以真实项目为引导、典型作品为载体，在任务驱动下进行生产实训，教师以企业设计师身份参与管理和指导学生，学生以准员工身份参与实际生产过程，定期轮岗，以提高学生的职业能力和创业能力。项目教学内容虽然分阶段，但在不同阶段或不同项目的教学中，均通过不同的专业工作室教学进行职业素质养成和能力培养，由合而分，由分而合，最终形成一个整体。

### （2）开发学习过程与工作过程相结合的项目课程

课程是培养学生知识、能力和素质的重要载体。在项目课程开发过程中，要主动适应市场对高素质工程设计类人才的需求，强化职业工作意识，根据工作岗位要求，从多维视角研究 BIM 理论发展与人才培养模式，重构教学目标和教学内容，开发学习过程与工作过程相结合的项目课程，探索职业岗位能力

形成的规律，提高学生的职业适应能力。教学内容应侧重培养技能型、实践型和应用型人才，理论课程着重讲授理论知识和实践方法，并设置具有实践应用、模拟仿真、实战项目等开发性质的课程，使工作室的项目教学任务贯穿整个课堂教学过程。可根据行业与市场的具体情况确定项目内容，分析、讲解、讨论、设计和制作实训课程。教师要充分利用工作室的实践性，根据每个实际项目有针对性地设置教学内容，使理论与实践紧密结合，并将市场、产业的最新讯息融入教学中，以开阔学生的视野，使教学过程始终保持活力。

（3）灵活调整项目课程内容

由于工作室制教学过程会受时间、环境、突发事件和临时计划等的影响，教学大纲及项目课程应留有一定的空间。教师应灵活处理教学内容和授课时长，并制订相应的计划，根据具体情况及时调整教学内容和课时数。教师可根据项目内容对应的专业知识点和完成时间，设计项目课程的教学内容，折算出相应的学时与学分；可随时融入新兴学科或行业需求信息，进行跨专业的学习与实践。

3.建设"双师型"教学团队

可采用"走出去，请进来"和"产学研"相结合的方法，建设"双师型"教学团队。聘请行家、专家来校讲学或担任工作室指导教师，加强对校外指导教师的聘任与管理，理顺与校内教师的关系，实现优势互补；对现有教师进行选拔、重点培养，通过国内外考察、进修等方式，帮助教师掌握 BIM 前沿技术和资讯；鼓励教师到企事业单位顶岗或挂职锻炼，丰富教师的社会阅历；引进和培养专业带头人和骨干教师，鼓励在职教师积极参加科研、教改和工作室项目，强化教师的实践动手能力、技术应用能力和融入社会的能力；鼓励工作室教师到社会上兼职，承接项目，整合社会教学资源，为工作室教学服务；加强同类院校的师资互动交流，实现优势互补，建设教学水平高、实践能力强、专兼职结合、结构合理的双师型教学团队。

**4.营造宽松的教学环境**

工作室宽松的教学环境是培养学生创新意识的外部条件，应鼓励工作室进行特色教学。工作室应面向市场开放，由教师带领学生直接参与生产实践，课堂不再只是教室，可延伸到图书馆、网络乃至市场，可扩大教学活动的范围，缩小学校与日新月异的社会之间的距离。给学生更多的自主权，让学生自由支配学习时间，不再被动地接受既成的结论与事实，而让学生通过主动探索、分析和归纳，满足个性发展需求。灵活多样的教学安排可以满足学生的不同需求。工作室教师要制定自己的教学大纲和教学计划，自主决定教学形式和教学方法。学校应减少指令性课程，缩短学习课时长，让学生有更多的自主学习支配权，工作室专业课程的范围要不断向外延伸。在课堂上，针对课题或项目组织专题讨论，引导学生主动参与，充分调动学生的学习积极性，让学生各抒己见，教师只做引导和评价。

通过讨论、评价，针对热点问题提出解决方法，将所学到的知识用于解决实际问题，以培养学生的创新能力。采取灵活多样的教学方法，如情景体验法、案例分析法、方案讨论法、现场教学法、模拟仿真法和项目实战法等，提升教学质量。教学过程中，采取开放式、模块式和案例式教学手段。开放式教学可使学生从封闭的课堂教学中解放出来；模块式教学能将学生需要掌握的知识和技能划分成若干模块，围绕专题进行教学，针对性强，实施效果好；案例式教学可通过教师对案例的讲解和分析，使学生掌握基本知识和技能，再通过新案例的练习，提高学生的创意设计水平和操作能力。

工作室应以负责人为主，开展教学科研实践活动。采用开放式的工作形式，通过引进校内外设计实践项目，签订技术服务合同，将设计任务交给一个或多个工作室来完成。在方案设计阶段，负责人应依据设计任务的特点、教学目的和培养目标，以及相应课堂教学的实际需要，有针对性地组织学生参加项目设计，引导学生系统地学习和查找各种资料，充分调动学生的主观能动性，培育学生的创新能力。在讨论阶段可采用"头脑风暴"法，学生提出的任何想法都不会受到批评，所有灵感均记录下来以备参考。每个创意都可能启发别人。可让学生参与实际工程的方案汇报工作，将学生的方案作为备选方案，围绕社会项目和校内项目不定期召开课题研讨会，不断提高工作室成员的专业设计水平，积累经验，使学生在校期间能接触实际项目。

教师与学生充分互动，可使双方的专业技术能力都得到提高。相较于传统的课堂教学方式，工作室教学模式可为学生提供更加明确的学习方向。通过工作室平台，师生之间的关系已变为"师徒"关系，师生之间面对面、零距离接触，有利于师生的良性互动，使师生能够顺利沟通。工作室教学模式通过示范性组织教学，可提高教学效率，尤其是实践教学，能使学生有次序、有目的和系统性地学习，即将基础内容和动态内容相结合，理论与实际相结合，实现教、学、做一体化，有效地提高学生的理论水平和实际动手能力。

工作室中的学生可作为工程设计师或公司员工参与设计过程，从而发挥学生的主观能动性，强化学生的创新意识，培养学生的社会责任意识和吃苦耐劳精神。在工作室教学模式下，教师除了授课时以教师的身份出现，还以虚拟企业设计师、设计公司的负责人和创意总监的身份介入学生的项目课程中，参与项目管理与指导学生学习，工作室教学成果的优劣直接影响教师的声誉，进而成为学生选择工作室的参考依据，同时也增强了教师的责任感，其业务能力、综合素质都将不同程度地得到提高，由此可激发工作室之间的良性竞争。

以任务为导向，训赛结合。"训"是在工作室项目任务驱动下进行的职业能力实践训练，"赛"是具有竞技性的真实项目训练或参与各种 BIM 设计大赛。训赛结合是基于工作任务过程引进的真实项目或国家、省、市、学校举办的各种作品展和技能竞赛；依托工作室制教学平台，建立以需求为导向，任务驱动、项目推进、小组合作的运行机制，在工作室导师的指导下组成学生合作团队，积极开展各项参赛活动，能使学生充分展示才智，在竞赛中脱颖而出，达到以赛促学的目的。

## 5.客观评价教学成果

传统课堂教学模式往往注重学生提交的作业，收上来的作业经常会有雷同现象，这些作业仅仅是成果，教师很难看到其灵感出处、构思草稿、材料来源、制作手法等。而这些过程恰恰是设计教学中非常重要的环节，教师可通过作业发现学生的闪光点，拓展其习以为常的设计方法，培养学生解决实际问题的应变能力。因此，对学生学习成绩的评定不能仅停留在成果上，而应以整个过程为主要依据。工作室教学模式强调学生设计思维的过程化和学生动手实践操作的过程化，教学课程项目来自社会，对作品的评价将结合市场因素来进行，评价更加客观。

## 6.采用合理的教学模式

教师承接项目后，从学生中挑选成员，带领学生进行项目研究，对学生进行专业辅导和综合训练，如传授专业知识、进行就业指导等。对教学计划中有项目开发性质的课程，教师可将工作室项目引入课程教学中，采用"参与式"教学法，从"一言堂"到"群言堂"，完成从"授人以鱼"到"授人以渔"的教学目标。对于与课程结合的模拟项目，可由专兼职教师从企业内部筛选，建立设计任务训练库，由教师和企业技术人员联合指导学生完成相关教学任务。工作室应采取的管理模式如下：由工作室建设改革领导小组制定管理制度，对项目课程教学管理制度、绩效评估制度、奖惩制度等进行细化、完善，为工作室建设提供制度保障；对工作室的工作目标进行年度考核和聘期综合考核，对考核优秀的工作室给予一定奖励，考核不合格的工作室责令其整改，问题严重的可予以撤销。

# 第三节　建立校企合作的
# BIM 人才培养模式

## 一、校企合作背景下的 BIM 人才培养模式

校企合作背景下的 BIM 人才培养模式主要有"1＋X"模式、"引进来，走出去"模式、产学研孵化器模式和互聘模式。

### （一）"1＋X"模式

"1＋X"模式主要是从课程方面着手的，"1"是指原有的课程特色和知识结构，"X"是指变革的力量，即转变教学的观念、调整知识结构及改进教学方法等。将"1＋X"模式应用到课程改革上，就是要改变 BIM 课程结构，以企业的岗位要求重新构建专业的课程体系，采用专业技能和专业知识并重的教学方式；将"1＋X"模式应用到教材改革上，可以增加 BIM 专业中关于市场的内容，为学生毕业后进入企业打下坚实的基础；将"1＋X"模式应用到教学方法和教学手段上，可采用任务驱动的教学模式，学生的短期目标就是完成一个又一个任务，这些任务既能丰富学生的理论知识，又能锻炼学生的动手能力；将"1＋X"模式应用到教学评价上，可制定"学校评价＋企业评价＋行业评价"三重评价体系，只有同时满足学校、企业、行业的要求，学生才能毕业，

这样的评价方式势必会让 BIM 专业的学生更加深入地学习专业知识，有利于学生的全面发展。

## （二）"引进来，走出去"模式

"引进来，走出去"模式是指在 BIM 专业的教学上，学校将最新的研究成果输送到企业中去，因为学校的科研成果只有与企业的设备、资金、场地等结合，才能得到应用，否则学校的科研成果就是"死"知识。在"走出去"的同时，学校还要积极引进企业的管理者、一线员工来学校，为 BIM 专业的学生授课。因为学校的教师大多是学界的学者，一些教师自身也没有专业相关的实践经验，这种"空对空"的教学模式必然会影响学生的知识结构。通过引进企业的员工，请他们为学生讲课，讲授一线工作的基本情况和技能要求，学生能学到更多的东西，为将来的就业打下坚实的基础。

## （三）产学研孵化器模式

产学研孵化器模式是指校方和企业共同成立孵化园，在孵化园中校方和企业方共同出资支持创业者创业。在这种模式下，企业主要是问题的提出者，学校则根据企业提出的问题成立科研小组，攻克这些难题。一旦获得突破性的研究成果，在孵化园中就能立刻进行初步产业化，得到市场的验证，做到产学研的有机结合。将这种模式应用到 BIM 专业的教学上，就是开设相关的创新创业课程，或者为具备科研能力的学生提供创业条件。学生只要具备好的想法，并愿意尝试，在得到校方和企业相关专家的认可后就可以进行实践，把想法变成产品。

## （四）互聘模式

互聘模式主要适用于学校和企业的培训，即企业将新入职的员工及具备一定工作经验的员工送到高校接受 BIM 专业知识的学习，以便更好地为生产服务。学校则在企业内部聘请有经验的员工和管理人员进入校园，为学生授课，让学生了解市场的基本情况。在这种模式下，企业的员工和学校的学生会有充分接触的机会。员工可获得所需要的专业基础知识，学生则参与了理论应用到实践的过程，在这种互聘模式下，校企实现了共赢。

# 二、校企合作的 BIM 人才培养模式构建策略

## （一）建立符合实际情况的校企合作平台

### 1.高校教育与企业合作的必要性

开设 BIM 专业的高校是我国高等教育中的重要组成部分，BIM 专业更注重培养学生的实践能力和应用能力，注重与就业导向的衔接。要培养学生的实践能力，就要高度重视岗位能力培训，而岗位能力培训的关键环节就是构建校企合作平台。

（1）合作促进需求共享

对高校来说，通过合作，能够准确洞悉企业对人才的需求，高校可以及时调整教学内容和教学形式，以适应企业对人才知识结构的需求，保证高校培育的人才符合用人单位的需求。对企业来说，通过合作，了解高校人才的知识结构，可根据自身的用人需求，有针对性对人才进行开发和培养。

（2）合作实现知识共享

高校在理论知识方面有着显著的优势，企业在社会实践方面出有着显著的优势，高校通过与企业合作，使课程体系和教学内容与企业的发展需求高度匹配，可以保证高校教育的时效性。企业通过与高校合作，可使实践中的经验上升到理论高度，从而实现理论和实践相结合。

（3）合作实现人才共享

高校与企业合作，可聘请企业的工程技术人员和管理人员到高校讲课，使学生获得丰富的实践经验，或委托企业对高校教师进行实践培训，提高高校教学质量。对企业来说，可委托高校对企业技术人员和管理人员进行再教育，以提高企业专业人员的理论水平。

2.加强校企合作的具体实践

（1）优化教学内容

随着人们审美意识的变化，BIM 方面不断涌现出新的技术和思路，BIM 专业的课堂教学内容也随之发生变化。因此，在校企合作过程中，学校可根据企业的发展要求对 BIM 专业的教学内容进行更新，使学生学到的知识能与社会的发展相适应，增强教学的时效性。

（2）建立实习基地

为了吸引企业与高校展开合作，加强校企合作关系，实现校企之间的及时沟通，校企双方可达成共识，共同建立实习基地，使学生能真正参与到企业项目的实践活动中。在这种真实的环境下，提高学生的理论水平，将理论与实践相结合。学生的参与也为企业注入一股新鲜的血液，企业可以通过学生实习期间的表现发掘需要的人才。这样，校企双方都获得了良好的发展。另外，在项目合作过程中，不但能促使学生在实际设计中增强自身的能力，还能帮助学生在完成项目任务的同时融入真正的工作环境，让学生了解企业的发展水平，培养学生的团队协作意识，帮助学生在实践中不断提高自身的综合能力。

（3）引进专业 BIM 工程师

在校企合作过程中，校方可以通过项目培训等形式引进专业 BIM 工程师，对学生的设计活动进行指导，使学生将所学的知识应用到实践中。专业 BIM 工程师对时下的先进设计理念较为敏感，并具备更多的设计新思路，教师与专业 BIM 工程师进行交流，可丰富自身的教学资源。

3.建立校企合作平台的策略

BIM 是现代社会的一门新学科。在高等教育中，BIM 是一门专业实践性很强、知识更新和淘汰很快的学科，为了更好地培养适应市场需要、适应企业发展的 BIM 专业人才，应建立校企合作平台。以企业为主体、以就业为主导，在BIM 专业中采用职业岗位能力和专业核心课程"无缝对接"的教学模式。分析现阶段社会和企业急需的岗位和职业能力并进行细化，开设一些有明确岗位需求的分支专业，通过建立校企合作平台，评估学生对专业知识的掌握程度，考察学生后续的就业率和到岗率。

第一，校企合作平台可根据目前 BIM 技术领域和职业岗位（群）的任职要求，构建产、学、研相结合的教学和实践体系，更好地服务于教学、服务于学生、服务于企业。第二，校企合作平台可以针对市场变化和企业要求，不断调整学生培养目标和课程内容，将专业学习与职业岗位学习统一起来，帮助学生就业。第三，校企合作平台可以为专业实践课程、顶岗实习和就业提供有力的保障，为学生、教师、企业提供一个交流、沟通、学习的平台，让学习变得更有目的性、更有趣味性。第四，校企合作平台可以作为指导高校建设和发展，指导高校更好地服务于社会、服务于区域经济发展的一个标尺，可以为以后建立自己的企业、自己的教育品牌打下良好的基础。

校企合作平台的建立可以增强高校的核心竞争力，提高学校的"软实力"，把教育和产业结合起来，把学校和企业结合起来，打造符合自己院校特点的专业品牌。

根据 BIM 专业的特点并结合高校自身实际情况，现提出建立校企合作平台的策略。

（1）改革教学模式，适应市场变化

实践性、应用性是工程设计类专业最重要的专业特征，因此要打破传统的"重艺轻技"的理念，让学生走出校门，与企业挂钩，把具体真实的案例引进课堂，实行项目教学，让学生全程参与项目的实施过程，让学生在真干实做中提升综合素质。

（2）通过校企合作构建全新的教学模式

高校应积极推进教学改革，形成以项目教学为主要途径的教学模式，培养学生的创新能力。一方面，高校可引进项目教学法，设置专业比赛，引起学生的学习兴趣，提高学生的实践能力；另一方面，高校可通过引入科研课题，培养学生的专业研究能力。教师可以组织学生参与自己的课题，或直接将自己的课题引入课堂，带领学生走进社会，一起调研，收集资料，分析数据，指导学生进行研究，学生则辅助教师完成课题。

（3）开展全方位的校企合作

制定科学的、符合市场规律和高校、企业发展规律的校企合作规章制度，利用高校现有的实训室、工作室，积极与企业开展全方位的校企合作，可以在专业实践环节让学生参与企业的项目和任务，这样不但可以提高学生的动手能力，而且可以给学生提供一个提前认识企业、熟悉工作岗位的平台；在专业教育与行业技术发展之间架起一座桥梁，为学生专业课程的学习带来大量源于生产实际的项目和课题，从而为产学研相结合的教学打下坚实的基础。

（4）建设校企合作订单班、企业班

加大建设校企合作订单班、企业班的力度，为更好地与企业合作打好基础。例如，高校可通过考核的方式，在 BIM 专业中选拔学生，组成一到两个班级作为与企业合作的订单班。高校要单独为订单班制定教学计划和培养目标，构建实践教学体系，并结合企业要求、市场变化为学生安排课程和课时，确定核心课程标准，采用企业、行业和学校共同开发的实训教材来进行教学；高校可成立针对订单班的专家指导委员会，让企业专业人员、行业专家来指导学科建设和专业培养的方向，以适应行业和企业的发展需要。

（5）加大校企合作平台的建设力度

加大校企合作平台的建设力度，找到高校与企业的共赢点，通过校企合作平台提高高校和企业的知名度，吸引更多、更好的企业主动加入校企合作平台的建设中去，打造全省同类高校中的校企合作示范平台。

（6）成立校企合作公司

打破现有体制和机制，成立公司联合体，共同出资、出人成立校企合作公司，通过这个公司促进校企合作平台的发展和完善，让企业全方位融入学校、融入专业，在企业的帮助下促进专业发展和专业建设。

（7）制订校企合作平台建设计划

制订科学的校企合作平台建设计划，按照市场变化和企业需求设置专业核心课程，并根据专业的产业结构变化，不断调整核心课程的内容，保证专业核心课程始终满足市场的需求；让企业参与专业核心课程的改革和专业建设，让校企合作平台成为连接学校和企业的纽带。

## （二）制定健全的校企合作保障措施

大多数高校的校企合作工作还处于初级阶段，只有不断深化改革，建立健全校企合作保障措施，才能提升校企合作的效果。

1.法律保障

相关部门应积极借鉴国外经验，制定有利于推动校企合作的法律法规。一方面，相应的法律法规要有明确的条文规定，参与校企合作是企业的责任和义务，把开展校企合作纳入企业的发展规划；另一方面，要设立校企合作办学基金，调动"三个积极性"，即调动学校参与合作教育的积极性，教师参与合作教育的积极性和企业参与合作教育的积极性，使国家的法律法规成为推动校企合作平台建设的强大保障，促进高校教育的发展。

2.组织保障

相关部门要按照"资源共享、优势互补、协同发展、合作多赢"的原则，在"政府推动、社会驱动、校企互动"的基础上，构建"政府—行业协会—学校—企业—受教育者"多方联动的战略联盟委员会。

政府作为校企合作的管理部门，主要任务是从法律上建立校企合作的强制机制，从政策上建立校企合作的激励机制，并在经费上给予支持，鼓励企业参与高校教育，形成双赢的校企合作机制。

行业协会作为校企合作的中坚力量，主要任务是制定职业资格标准，参与学校培养目标的制定。

学校作为校企合作的一个主体，主要任务是以人才需求预测为根据，对专业课程进行调整；以岗位技能为核心，构建课程体系；加强实训基地建设，建设实践教学体系。

企业作为校企合作的另一主体，主要任务是与学校成立校企合作董事会，制订、修改、执行合作教育计划；共建实训基地，使教学与生产、理论与实践相结合。

受教育者作为校企合作的培养对象，主要任务是扮演学生与"学徒"的角色。

上文所说的战略联盟委员会主要由政府发起，企业、学校、财政、人事、税务、工商、教育等多方共同参与。其主要职责如下：一是定期参与工作例会；二是共同制定运行机制，明确各方责任和权利；三是制定校企合作规划和年度工作计划；四是协调校企关系，监督相关工作正常进行；五是建立稳定长效的联络机制。

除了战略联盟委员会，还可由教育行政部门牵头，相关综合部门参加，成立职业教育行业指导委员会，主要任务是统筹、协调、指导各行业参与职业教育的有关事宜，协助政府制定行业参与职业教育的政策法规等。企业、学校还可组成专业顾问委员会，主要任务是研究高校的专业建设、课程设置、教学计划、教学大纲、教学内容、实习安排、就业指导等。可由往届优秀毕业生组成毕业生征询委员会，主要任务是对学校教学、管理等工作提出意见、建议等。也可建立校企合作联络员队伍，主要任务是确保校企之间保持良好关系，保证校企合作顺利进行。

### 3.制度保障

高校要设立校企合作处，负责校企合作工作计划制订、组织、实施和检查工作，并协调相关职能部门根据有关规章制度的要求，安排各二级学院的技能实训、企业实习，并对校企合作项目等进行立项备案，监督落实过程等。另外，高校要制定校企合作管理办法、校企合作管理办法实施细则、校企合作协议书、校企合作考核办法、顶岗实习管理规定、校企共建实训基地管理办法、企业捐赠教学设备管理办法等管理制度，指导校企合作项目有序开展。

### 4.实训保障

#### （1）育人环境

首先是生产（经营）实践环境。通过真正企业化的生产、实习基地，使学校的人才培养与企业的生产（经营）运营有机结合起来，成为高校"工学结合"人才培养模式的重要依托。其次是教学工厂环境。使教学工厂既有真实的工作环境，又有良好的教学环境。最后是职业训导环境。学生通过体验真实的生产（经营）环境，不仅能掌握过硬的技术，而且还能形成应知、应会的基本能力，养成良好的职业素质。

#### （2）实训体系

首先是一体化教室，按照教学计划，在实训中要突出能力训练；其次是实训基地，营造真实的职业环境，以专业技能训练为主，提高学生的技术水平；最后是校办工厂，营造真实的职业环境，增强学生的动手能力。

# 第四节 建立可持续发展的
# BIM 教学体系

## 一、可持续发展理念与 BIM 教学的关系

当前，高校要想做好 BIM 技术教育工作，必须遵循可持续发展原则，不断优化当前的 BIM 教学体系。

### （一）理论教学

当前，我国 BIM 教育借鉴了国外的一些理论，但是由于受到师资力量等相关因素的影响，我国 BIM 教育理论体系还不够完善。在可持续发展理念的指导下，学校可合理地调整 BIM 相关理论课程及专业课程的教学时间，邀请各个领域出色的工程设计师和教授举办讲座，给学生提供更多的学习机会，帮助学生学习理论知识。

### （二）实践能力培养

BIM 专业的主要特点是实践和创新。在可持续发展理念的指导下，高校可设立工作室，让学生以团队合作的方式参与实际的项目设计工作，让学生有进工地实习的机会，加强学生与社会的互动。教师也可将一些企业的项目作为教

学内容，让知识与应用相结合，锻炼学生的动手能力，熟练掌握设计模型的制作方法，鼓舞学生在学习中不断进步；在可持续发展理念的指导下，高校可让学生走出课堂，积极参与社会中的一些调研活动，让学生所学的知识更符合社会的需求。这样的培养方案既遵循了可持续发展的原则，也有助于 BIM 专业的发展。

## （三）交流互动

在可持续发展理念的指导下，高校的各工程设计专业可采用跨学科互动的方式，采用更灵活的教学形式。另外，也有一些高校与企业积极互动，互相合作，培养人才，为企业单位输送人才。还有些高校则是直接与企业联合办学。

## （四）与地区发展结合

高校在进行 BIM 教学时要注重教学、科研、生产等方面的相互融合，并结合地方文化的特点，促进我国 BIM 教学体系可持续发展。这种以传统文化为辅，以地方经济为主的发展模式，能使人们的生活多样化，也能保证 BIM 教学体系具有实践意义。

## （五）国际化视野

BIM 教学日趋国际化。国际上的一些高校、工程设计单位在资源共享的基础上，也遵循可持续发展原则，这对当今高校提出了新的要求。

# 二、可持续发展理念在 BIM 教学中的应用现状

## （一）教学资源缺失

教学资源是办学的基本条件之一，而我国高校 BIM 专业当前的实际教学资源还难以满足需求，不利于建立可持续发展的 BIM 教学体系。

### 1.缺乏办学经费

高校正常的教学活动、教学评估检查、精品课程建设等，都需要大量的周转资金。很多高校采取与外企合作的方式，很少获得国家的固定投入，办学经费大都是一些合资的启动资金加上学生的学费，主要通过"以学养学"的方式来保证教学开销。在这样的情况下，很多学校在经费上过于紧张，难以很好地进行教学资源配置，更难以贯彻可持续发展的理念。

### 2.教学设施薄弱

由于部分高校资金有限，无法满足 BIM 实训条件。BIM 搭载了建筑物各个构件的信息，使得模型有很大的体量。BIM 教学对电脑的配置要求很高，一般的实训室无法满足学生的需求，因此需要投入大量资金用于实训室的建设。因而，部分资金有限的高校，实训室建设相对缓慢，教学设施不足，不利于可持续发展的 BIM 教学体系的建设。

### 3.师资力量不足

师资力量是开展教育教学活动的前提，一些 BIM 教师学历较低，整体素质不高，还有一些 BIM 教师是兼职教学，专业的教职工不足。另外，一些高校

缺乏 BIM 学术理论研究带头人，大大削弱了学校的学术力量，贯彻可持续发展理念更是无从谈起。

## （二）核心地位缺失

虽然高校 BIM 专业在不断发展，但在 BIM 专业的建设中，高校基本是以应用型课程为主，在投资方面注重节约，而一些基础性的专业学科需要大规模的投资。

### 1.对可持续发展理念缺乏足够的认识

专业课程的融通性不够，无法体现 BIM 技术的价值。BIM 是一个系统，从建筑专业的角度来说，是贯通建筑业各个专业的介质。但现阶段高校土建类专业 BIM 人才的培养模式仍有待完善。在高校土建类专业的 BIM 技术教学中，因为受到专业设置、学科建设等因素的影响，BIM 技术教学还是一个相对独立的课程，仅仅只是作为软件基础课程，缺乏连贯性，导致学生在教学中体会到的是：BIM 就是一个软件，仅仅只是一个建模工具。这种片面认识导致学生不能真正体会 BIM 技术在建筑全生命周期中的价值，没有真正理解 BIM 技术在现代建筑业发展中的重要性，可持续发展理念也没有得到很好的运用。出现这一现象的深层次原因是高校对可持续发展理念缺乏足够的认识。

### 2.不注重 BIM 人才的可持续发展

可持续发展理念是 BIM 专业教学中的重要理念，在 BIM 教学体系中，应将 BIM 人才的可持续发展作为首要任务，注重培养学生的创新思维。但在实际教学中，一些高校偏重于 BIM 技能教育，忽视了学生的个性，这是不利于 BIM 人才的可持续发展的。因此，在专业课的教学中，教师应注重多学科的联系，对教学方法进行改革，在讲授知识时，应遵循可持续发展的原则，将学生的学习与就业统一起来。另外，高校还要有目的地对学生进行培养，使专业基础课程能为学生的就业奠定良好的基础，让学生不再觉得专业基础课无用，从而促进 BIM 人才的可持续发展。

# 三、建立可持续发展的 BIM 教学体系的策略

## （一）改革现有教学体系

当前，我国高校开设 BIM 专业的较少，建立可持续发展的 BIM 教学体系，旨在拓宽学生的知识面，提高学生解决问题的能力，这就需要完善相关教学模式，改革现有教学体系。

### 1.增设有关可持续发展的课程

从整体布局来看，首先应对 BIM 教学计划进行修订，完善课程内容，设立可持续发展理论课程，以可持续发展和生态环境为教学内容。因此，在教学过程中，可引入一些相关的背景知识、概念，以及近期国内外建筑设计的典型案例，特别是最新的研究结果和理论方法；也可介绍相关的技术措施及相关法规、规范，以此为学生学习专业课程奠定理论基础。

## 2.渗透可持续发展理念

增设理论课程，在以技术为主的课程中渗透可持续发展理念，让学生在潜移默化中加深对理论知识的理解。

## （二）建立可持续发展理念教学应用机制

### 1.明确 BIM 教学的核心思想

工业革命推动了城市的不断发展，将现代科学思维、新材料、新技术不断集成到建筑设计中，艺术与技术不断融合。城市化进程的快速推进，使城市更加紧密地联系在一起，从而共同促进社会的发展。在此过程中，引发了各种环境问题。BIM 教学要以可持续发展为原则，这是 BIM 教学的核心思想，对建筑设计行业的发展起着重要作用。

### 2.整合工程技术类课程

在很长的一段时间内，我国 BIM 教育普遍存在"重形式，轻技术"的现象。虽然近些年有研究者对 BIM 课程体系进行了广泛的改革和探索，但绿色建筑和工程技术方面仍然没有得到应有的重视。对此，在将可持续发展理念渗透到 BIM 教学中时，要以绿色建筑等理念为核心，对课程进行改革，并与传统的工程技术课程相结合，对优秀、经典的设计案例进行解析，使学生能更好地掌握 BIM 技术。

### 3.构建开放性和整体性的教学模式

目前，常见的 BIM 教学模式包括四种：一是单纯讲授 BIM 的基本理论知识；二是在 BIM 基本理论知识讲授过程中结合某一个 BIM 软件的简单演示；三是基于某一软件讲授 BIM 软件的操作技术和应用方法；四是基于特定工程实例讲授某一 BIM 软件在工程中的应用方法。这几种模式很容易导致课程重心落在理论方面。这种缺乏完整性的教学模式在学生对新结构、新材料、新技术的尝试和探索方面也存在一定的局限性。

可持续发展理念在 BIM 教学中的运用，要结合具有整体性的设计理念，在结合科学技术发展水平的同时，对当前的 BIM 课程进行合理调整，以促进教学模式的开发。在教学中，教师应对 BIM 课程进行综合性调整，以不断提升课程的实践意义。在相关项目的教学过程中，必须让学生参与和完成从社会调查、基地环境分析、功能布局、空间规划、形态设计到细部处理、适用技术选择等一系列工作，这些工作能进一步深化学生对可持续发展理念的认识，有助于学生掌握 BIM 相关技能。在为学生制定教学任务时，要让学生在自己作品中运用可持续发展理念，使其作品具有一定的深度。

在课程教学的开放性上，一般开设有 BIM 专业的高校会与企业进行合作，旨在为学生提供更多的实践机会，让学生参与具有一定实践性的项目，以提升学生的技能水平，促进学生的全面发展。通过实践，让学生了解 BIM 专业最新的设计理念、设计方法等。一方面，让学生了解不同工种之间的协作过程，了解项目运作的全过程，这对学生今后尽快适应工作岗位大有裨益；另一方面可以聘请实践经验丰富的 BIM 专业工程师参与课堂教学或举办讲座，从而开阔学生的眼界，促进学生的应用能力不断提高。

## （三）坚持可持续发展理念

### 1.加强理论学习

促进学生加强对国内外 BIM 理论知识的学习，加强高校之间的 BIM 理论交流；各个高校的专业教师应遵循可持续发展的原则，加强与学生的交流，将深层次的理论观念灌输给学生，让学生更好地掌握 BIM 技术，在可持续发展理念的引领下深入学习 BIM 技术的应用理论。在 BIM 教学中，高校应以理论学习的方式培养应用型教学团队，以建立可持续发展的 BIM 教学体系。

### 2.注重对案例的考察研究

高校应每年安排一批专业教师定期去各个优秀企业进行参观学习，或者定期安排教师去国外学习，了解 BIM 技术的发展趋势。在日常教学中，教师要注重对案例的考察研究，及时发现具有实践意义的教学案例，并结合当前信息技术的发展，将考察工作落实到位。

### 3.培养专业学生的观念

（1）完善教学大纲及课程设置

高校可将培育计划明确写入本校的教学目标中，在 BIM 教学中加入可持续发展的内容。高校要合理调整课程的时间和内容。教师在设计个人的教学方案时应多结合具有实践性的案例，挖掘学生的潜力，不断鼓励学生深入钻研 BIM 技术，从而更好地完善 BIM 教学体系。

（2）对不同年级学生进行有步骤的培养

在高校 BIM 专业的课程安排中，从大一开始，学生就需要通过社会实践课来进行相关的社会调研。合理地组织相关的活动，让学生从事一些公益性的服务活动，了解社会上一些低收入群体的生活现状，能增强学生的社会责任感，且能帮助学生对当前的就业信息和国家的相关政策有一定的了解。

（3）有针对性地组织专业讲座

在 BIM 专业的教学中，高校要对学生进行相关的专业性课程培训，以此来不断加深学生对可持续发展理念的认识。一些高校的 BIM 专业在相关领域没有太多的经验，需要把行业的专业 BIM 工程师请到学校来举办讲座，让学生了解 BIM 技术当前的发展趋势，以此了解行业的动态。BIM 专业讲座包括以下类型：一是观念型；二是国家政策型；三是案例型。

（4）利用自身优势组织跨学科合作

可持续发展理念涉及社会、经济和生态等方面。高校可利用自身优势组织跨学科合作，培养 BIM 应用型人才。可持续发展理念也要求学生学习并掌握相关的社会科学、自然科学和人文科学等诸多方面的知识。因此，高校应利用自身的优势，安排跨学科选修课程，供学生合理利用学习资源。选修课的安排应注重相关学科的融合，通过与相关专业教师的沟通，制定跨学科选修课程，安排相应的教师，并鼓励学生参加跨学科研究项目，或组织学生参与合作性项目，包括学校与学校的合作项目、学校与企业的合作项目等，以构建跨学科团队。另外，高校应打破传统课堂的封闭状态，及时补充相关现实问题，以适应社会经济发展对 BIM 应用型人才的新要求。

# 第五章　BIM 应用型人才培养与工匠精神

实现中华民族伟大复兴的中国梦，不仅需要大批科技人才，同时也需要千千万万的能工巧匠。更为重要的是，工匠精神作为一种优秀的职业道德，它的传承和发展契合时代发展的需要，具有重要的时代价值与广泛的社会意义。

## 第一节　工匠精神的基本认识

### 一、工匠精神的提出

2016 年 3 月 5 日，国务院总理李克强在第十二届全国人大四次会议上作政府工作报告时提到："鼓励企业开展个性化定制、柔性化生产，培育精益求精的工匠精神，增品种、提品质、创品牌。"这是"工匠精神"首次出现在政府工作报告中。

2016 年 3 月 29 日，李克强总理在国家质量奖颁奖晚会上再次提到工匠精神；5 月，中央电视台推出了系列节目《大国工匠·匠心筑梦》，讲述了八位大国工匠的成长故事。"工匠精神"成了高频词，短期内密集出现在重大的会议和主流媒体上，显示出工匠精神回归的迫切性，培育工匠精神已经成为国家意志和社会共识。工匠精神的强势回归，是"中国制造2025""一带一路"等国家战略的需要，是企业转型、产业升级的需要，是消费者个性化消费和高品质生活的需要，是劳动者职业生涯发展和个人价值实现的需要。

总理为何要提工匠精神？2016 年 1 月 4 日，李克强总理在参加一个有关钢铁煤炭行业产能过剩的座谈会时举例说，中国至今不能生产模具钢，比如圆珠笔的"圆珠"都需要进口。圆珠笔在 1895 年就已经被发明，但是我们现在竟然还不能生产圆珠笔珠。

当前，我国经济发展正处于转型升级的关键时期，培育和弘扬严谨认真、精益求精、追求完美的工匠精神，对提升我国产品质量、建设质量强国和制造强国具有重要的意义。

2017 年的《政府工作报告》提出，要大力弘扬工匠精神，厚植工匠文化，恪尽职业操守，崇尚精益求精，完善激励机制，培育众多"中国工匠"，打造更多享誉世界的"中国品牌"，推动中国经济发展进入质量时代。培育和弘扬工匠精神，政府、企业与个人应发挥各自作用，齐心协力培育"中国工匠"、打造"中国品牌"。

党的十九大报告强调，要建设知识型、技能型、创新型劳动者大军，弘扬劳模精神和工匠精神，营造劳动光荣的社会风尚和精益求精的敬业风气。新时代需要新作为，我们应以党的十九大精神为指引，撸起袖子加油干，以更饱满的精神状态、更踏实的工作作风、更精细的工作态度做好每一项工作，用工匠精神立起新时代标杆。

## 二、工匠精神的内涵

物质运动的相对性和绝对性决定了我们看待事物时要将其历史阶段性和发展变化性有机结合起来，因此在现阶段重新审视工匠精神的内涵时，也要合理地将其历史时代属性和现实时代属性结合起来。工匠是工匠精神的主体，要挖掘工匠精神的价值就要明确工匠的内涵，否则将无法准确把握其背后的精神内核，无法真正了解工匠精神的本质。随着时代的发展，工匠的内涵和外延不仅发生了变化，其承载的责任和义务也在发生着深刻的变化，工匠职责的变化直接引起其精神内涵的变化，因此要研究工匠精神的当代价值，首先必须明确其主体含义及其精神内核在新时期的发展要求。

大致而言，工匠精神可以从现实层和超越层两方面来理解。现实层主要是指工匠精神实存性的本位状态和事实（本来的意义）。这个实存性的本位状态也就是现象学所指的"事物本身"——工匠本位。也就是说，工匠精神首先是一种工匠本位的精神，而不是其他的精神。这种工匠本位的精神是内在于工匠的性质、领域或世界之中的。当然，也指工匠的精神世界，也就是工匠的所思所想——往往是以"手作"的方式，通过工作态度、人生追求等传达的，不是靠语言、文字等传达的。这种工匠本位的精神显然不同于科学研究领域的概念、范畴、命题，也不同于艺术领域的线条、色彩、乐音、意境等。而工匠精神的超越层是指工匠精神已从其本位性的实体工匠创造活动延伸至具有普遍的方法论意义的层面。超越层面的工匠精神已不再局限于具体的工匠活动，而是一种人生信仰、一种生存方式、一种工作态度，也就是马克思所说的"一种人的本质力量的确认"境界。

本章所要讨论的工匠精神是兼具本位性和超越性的群体性、集合性的概念，它不局限于某一特定群体或领域，更不是各种技术概念的集合，而是一种更高层次的、更具有传播性和继承性的精神理念，应成为国民精神的内核。

## （一）独具匠"新"，勇于探索

《周礼·冬官考工记》记载："知者创物，巧者述之守之，世谓之工。百工之事，皆圣人之作也。""创物"的百工被誉为圣人，充分体现了古代人们对器具制造中融入的非凡智慧的崇拜，这种造物之智的核心便是创新，而创新对当代工匠来说尤为重要。工匠的创造之旅可以用"有形之行"来概括。对工匠而言，造物就是将自己的技艺、思想、情感等物化的过程，没有过硬的技术不足以成就精品，没有创新的精神不足以追求完美，创新对工匠而言就是一种不断挑战自我、挑战权威的过程。在这个过程中，他们要有勇于探索的决心和勇气，不断累积经验，打磨技艺，磨炼心性，这样才能在不断总结和感悟中实现创新。只有"变"才能"新"，只有"新"才能"久"，所以要不断求新、求变。

古代工匠通过力求创新的勇气和毅力，为世人留下了一件又一件的传世珍宝，谱写了中华文明的不朽篇章。当代工匠更应该具备这样的勇气和魄力。纵观人类发展史，创新始终是推动一个国家、一个民族向前发展的重要力量。当代工匠不仅担负着个人的荣辱，更肩负着民族复兴的历史重任，这就要求当代工匠具备创新思维、不断自我突破。

（二）乐以忘忧，敬畏入魂

喜恶是人最本能的情感。做自己喜爱的事情更易激发潜能，也更易取得一定的成就；做自己厌恶的事情则容易滋生负面情绪，不易实现自己的抱负。从事自己所钟爱的事业自然是好的，这样能让自己全身心投入，并乐此不疲，但现实生活并不受个人意志支配。一名真正的工匠应具有极高的情商，他们会努力发现生活中的美，即便在枯燥乏味的工作中也能获得乐趣，让自己充满激情，也正是这样一种积极的心态，使他们更容易实现创新，获得成就。

乐以忘忧，表面上看是工匠的性格使然，但其中蕴含的其实是工匠的敬业精神，因为敬业所以爱业，因为爱业才会更敬业。一名真正的工匠必然是爱业之人，其敬业之情必然是更为深刻的。敬业之情是激情退却后的顿悟和沉淀，是一种更为持久和坚韧的情感，它是促使工匠一丝不苟、精益求精的原始动力，对工匠有着内在的约束力和监督性。对当代工匠而言，敬业比爱业更重要，敬业精神可以说是当代工匠精神的基石，有所敬才能有所为有所不为，才能脚踏实地，勇于奉献，尽可能地实现人生价值。

### （三）以质为保，精益求精

工匠的首要职责是造物，造物过程是工匠本质力量对象化的过程，而产品的质量就是工匠自身的职业素质和精神风貌的体现。产品一分的瑕疵反映的是产品制造者十分的粗心、百分的懈怠、万分的不严谨，所以产品的质量绝对不容忽视。

就产品质量而言，我们姑且可以用一定的量化标准来衡量，但产品的品质却是无形的，很难用具体的标准来衡量。也正因如此，工匠对产品的"质"才会有一种近乎偏执的坚持，只有不断达到"质"的新高度，才有可能臻于化境。这种精益求精的执着，不仅是工匠对产品质量的严格把控，更是对自身技术水平的卓越追求。

在当今时代，工匠要追求品质的提升。"价廉"已经不能满足人民群众的需求，"物美"对大众的吸引力反而更大，所有的产品没有最优只有更优。质量的比拼更是一场硬仗，只有锐意进取，坚持一流的产品质量，才能走得更远。对现代人来说，产品不只包括商品，还包括各种服务等，它们都需要工匠以严谨的态度精雕细琢，将产品最优的一面呈现给大众。

### （四）心如磐石，十年一剑

对一个工匠而言，创新绝不是心血来潮和灵光一现，创造的过程实质上是一种累进式的过程，它需要经验的积累、技术的磨合、反复的思考和总结，没有足够的沉淀是不能实现真正的创新的。一名工匠最基本的精神就是坚持，缺少这份坚持，不足以做到对产品的精雕细琢，更无法乐在其中。

现代社会追求的是快速发展，崇尚的"快文化"与工匠精神是有所冲突的。真正高品质的产品不是一蹴而就制造出来的，真正完美的设计是需要时间打磨的。所以，当代工匠要有坚不可摧的信念，耐得住寂寞，宁花一生打磨一件精品，也不耗一时制造劣品。坚持不一定成功，但不坚持肯定会失败。要成为一名合格的工匠，就必须具备这种"咬定青山不放松"的决心和耐心，否则一切都是妄言。

### （五）谦恭自省，不忘初心

技艺的进步是永无止境的，我们只能不断攀登技艺的高峰。一名合格的工匠，技艺只是评判其专业水平的基础而非全部，只有超群的匠艺而没有出色的匠心，也是难以成为殿堂级的大师的。

对一个匠人来说，谦恭不仅是一种性格，更是一种品质，谦恭源自对技艺的不懈追求，源自对产品的苛刻要求，更源自工匠对自己身份的认可。谦恭是对自身的提醒，也是一种鞭策，激励自己一往无前，不断进取。真正的谦恭具备自省的力量，能帮助我们看清来时路，找回最初的梦想。当代工匠应始终保持清醒，使自身堂堂正正、自信地立于世上，无愧于心。

# 三、工匠精神的当代价值

挖掘工匠精神的内涵是研究工匠精神的基础，探索工匠精神的价值是研究工匠精神的内在动力，培育工匠精神是研究工匠精神的主要目的。深刻认识工匠精神的当代价值对研究工匠精神有着承上启下的作用，它是通往过去的闸门，是开启未来的钥匙。认识工匠精神的当代价值不仅是对历史的尊重，对文化的传承，更是对现实的感悟。

工匠精神的式微是我们呼唤其回归的重要原因之一。要注意工匠精神的内在价值，这种价值强调的不是其历史作用，而是其现实价值，特别是在我国全面深化改革、推动企业转型升级和产业发展的关键时期，更需要突出工匠精神的时代价值。只有准确地为时代把脉，紧扣时代发展的需求，才能深刻认识工匠精神的积极作用，理解弘扬工匠精神的必要性和紧迫性。

## （一）工匠精神有利于社会主义建设

社会主义的本质是解放生产力，发展生产力，消灭剥削，消除两极分化，最终达到共同富裕。高度发达的物质文明更需要与之匹配的精神文明，只有做到物质建设和精神建设并驾齐驱，经济发展和精神建设并举，我们的社会主义才能真正为人民服务，为现代化建设服务。没有精神信仰和雄厚经济基础的国家是不堪一击的，为了建设社会主义和谐社会，我们必须紧抓当前精神文明建设的重点和难点，加强社会主义精神文明建设。

面对市场经济浪潮的冲击，我国的工匠精神逐渐"萎缩"，这种负面影响几乎波及各个领域。特别是在我国全面深化改革的关键时期，迫切需要工匠精神的回归和重塑，使我们的社会行为得到一定的约束，让每个人都有所依从、有所节制、有所敬畏、有所坚持。我们不能只要口袋富，不要脑袋富，这样没有追求、没有理想的社会绝不是社会主义社会。工匠精神作为当前精神文明建设的重点和难点，不仅是传统文化的价值核心，更是我们建设社会主义和谐社会的精神之源，需要大力弘扬，让工匠精神充分发挥其影响力，使我国的社会主义事业更上一层楼。

## （二）工匠精神有利于经济可持续发展

市场经济发展的前提是对市场经济的准确认知和把握。对市场经济的内涵认识得越深刻，就越有利于我们灵活运用市场经济手段，从而创造更人的经济价值。可以说，每一种经济手段的运用都离不开对该种经济背后伦理动因的探查，无论是计划经济还是市场经济，背后的动力因素不只是单纯的运作手段，更是对其内在价值认同的文化层面的考量。这种基于文化层面的思考，会给我们带来更多经济价值之外的收获。从某种程度上来说，这也是一种文化软实力的体现。

在经济全球化的今天，特别是在可持续发展理念成为时代主流的今天，我们强烈地呼唤工匠精神的回归，其不仅是我国市场经济健康运行的精神保障，更是我国产业升级、经济转型的关键。工匠精神不仅是我国经济发展中道德建设的逻辑起点，更是塑造我国经济发展优质软环境的动力，因此一定要坚定不移地大力培育和弘扬工匠精神，真正发挥其在经济建设中的牵引作用。

## （三）工匠文化有利于弘扬传统文化

工匠文化是中华传统文化的重要组成部分，工匠文化之所以能够自成体系，并在中华传统文化中占据一席之地，一个重要原因就是工匠精神超越了劳动层面和生活层面，进入了社会层面和文化层面。

文化有广义和狭义之分。狭义的文化特指通常意义的与政治、经济相对的文化，即科学、技术、艺术等；广义的文化则指人类的一切活动所造就的现象或结果的总和。广义的文化既包括有形的、物质性的、实体性的"器""物"，又包括无形的、精神性的、虚拟性的"思想""道义"等，还包括传承下来的人类各种社会生活习俗、礼仪、节庆等行为方式。工匠文化是以工匠为主体，逐渐形成的一种价值理念和文化思想。它是一种广义的文化，是一种更具思想性、经得住历史和现实考验的文化，而工匠精神作为工匠文化的核心，也是一种广义上的文化。

工匠文化主要源于生产系统和生活系统。生产系统包括工匠劳动的各个领域，以及人类在各个时期所进行的物质生产活动、精神生产活动等。它既有工匠对前人经验的继承，也有自身的创新发展，是一个涉及历史与现实、物质与文明的庞大系统。生活系统则指工匠为人们日常生活中的衣、食、住、行等各领域创造的器物文化世界。在生活系统中，工匠的职责就是造物，技术是工匠安身立命的前提，只要能造出满足人们生活需要的实用工具就可以，但人是有思想的动物，不可能总停留在从无到有的基本要求上，于是在生活系统基础之上，逐渐产生了生产系统，以满足人类更高的精神和文化需求。

塑造工匠文化，要从对技术的应用环节转向对实用价值的探索。提升效率是工匠技术实现突破的重点。为了提升效率，人们加入了人为要素，以工匠制度的形式帮助工匠提升技术。工匠制度将历史文化的记忆注入工匠文化之中，使得工匠文化日益丰富和厚重，最终成为中华文化的重要部分。因此，工匠制造的产品的价值是远远超出产品的物质属性的，工匠的作品不仅是工匠技术的体现、工匠心思的彰显，更是一个时代的记忆、一段历史的凝结。

培育工匠精神不仅是弘扬中华优秀传统文化的重要途径，也是传承中华优秀传统文化的重要手段。工匠精神作为工匠文化的核心价值理念，是我们打开工匠文化之门的钥匙。因此，我们一定要深入研究工匠精神，这样才能深刻理解其当代价值。

# 第二节　BIM 应用型人才具备
# 工匠精神的必要性

## 一、建筑行业的发展常态

建筑行业、企业的发展要求 BIM 专业技术人员具有工匠精神。建筑行业经过多年的发展，正在打破同质化的竞争格局，形成做专、做精、做久的差异化发展新格局。在新的历史时期，建筑企业的专业化生产经营既是市场的客观需要，又是企业自身成长的需要，更是整个建筑行业的发展常态。谁在垂直领域独具匠心，谁就能在细分市场上掌握主动权和话语权；谁能在品质上下功夫，谁就能赢得市场。或是开创某一领域的先河，引领行业创新发展；或是在某一专业化市场精耕细作，占据领先地位。在一个或几个专业领域建立绝对优势，才能有做大、做强、做精的基础，才能提高企业在国内乃至国际上的竞争力。

对于 BIM 相关企业来说，品牌信誉源于打磨、在于持续的品质追求和精细化的文化管理。成果品质代表着企业品质，与企业的知名度、美誉度、品牌形象等息息相关。为此，企业需要具有工匠精神的人才，工匠精神不仅是建筑行业发展的强力支撑，更是企业长远发展的需要。

目前，建筑行业正处于结构调整阶段，BIM 相关企业也正处于优胜劣汰、有序竞争的调整阶段。企业越来越看重 BIM 技术人员的职业精神。很多企业在招聘 BIM 专业人才时会强调"工作认真负责、能吃苦"，可见，对工作认真负责的态度是 BIM 应用型人才的必备素质。在相关企业看来，胜任岗位的一些知识与技能是可以在工作中获得的，而责任感则是需要在学校的培育中逐步养成的。由责任感延伸出来的敬业、坚持、专注等品质，对企业的发展非常有利，正是企业所期待的。

## 二、专业技术人员发展的需要

随着经济的发展，人们对生活环境的要求越来越高，从满足基本居住需求到体现主人的个性和品位。当前，建筑行业的信息逐步透明化，消费者对建筑公司的选择空间更大，而作为代表公司形象出现的 BIM 专业人员就要有更专业的态度，精益求精，认真对待每一项任务，用专业的知识为业主服务，用专业的技能帮助业主实现梦想。

BIM 的基础是信息模型，所有的应用都要基于具有准确、全面信息的模型。现阶段，BIM 更多的是依据设计图去建模，通过碰撞检查，进行管线综合检查来深化图纸设计。有人认为这种工作流程比传统设计方法更费力、更费时间，却没有带来多少效益。其实，当前由于设计周期短、设计费用少等问题，导致部分设计质量偏低，一些施工图无法很好地用于指导施工。BIM 既不能只停留在建模上，又不能只着眼于模型之外的拓展应用。只有创建精确、丰富的信息数据，才能有效地支持建筑全生命周期的规划设计、施工安装和运营维护。在如今 BIM 应用有限的大环境下，更要从点滴做起，摒弃眼高手低的恶习，从模型的准确度入手，制定标准规范，在相应的阶段创建相应精度的模型，将模型的效益最大化。

BIM 应用型人才的发展需要工匠精神。随着时间的推移，从业者会追求更高的目标以获得一定的归属感、成就感。作为从业者，这种自我实现的成就感一方面来自个体对社会的贡献，另一方面来自自身知识、技能等的提升。实践证明，只有具备良好职业精神的 BIM 专业人员才能成为行业的专家，才能在职业生涯中脱颖而出。

对 BIM 专业的毕业生来说，良好的规范意识和品牌意识，强烈的责任感，善于思考和勇于创新的习惯，认真执著、爱岗敬业的职业精神等，都有助于个人的提升和发展。因此，高校在培养 BIM 专业人才时要注重工匠精神的培育，这不仅有利于学生的顺利就业，更有利于学生的职业发展。

# 第三节　BIM 应用型人才传承
# 工匠精神的途径

工匠精神的培养是一个系统工程，需要政府各部门的协调联动和全社会的关注、支持，下面从社会、学校、企业几个角度分析 BIM 应用型人才传承工匠精神的途径。

## 一、社会层面

从社会层面来说，培养 BIM 应用型人才的工匠精神需要社会的指引和帮助，营造一个"匠人"职业受尊重的氛围，让广大 BIM 应用型人才热爱自身职业，为自身职业而自豪。这就要求社会弘扬工匠精神，使广大 BIM 应用型人才转变就业观念，并进一步健全奖励制度，提高职业的受尊重程度。具体来说，可以从以下几方面着手。

## （一）弘扬工匠精神，转变就业观念

工匠精神是一种严谨认真、精益求精的精神。中华优秀传统文化中蕴含着丰富的工匠精神，大至"格物致知"的理念，小如"家有良田万顷，不如薄艺在身"的意识，都与工匠精神有着密切联系。回顾历史，从古代的鲁班、庖丁，到中华人民共和国成立后的八级工程师，我国一直对工匠精神推崇备至。20 世纪五六十年代流传着这样一句歇后语：八级工程师——精益求精，反映了当时社会上对工匠精神的推崇。但近些年来，"速度为王"成为一些地方和企业的时髦用语，工匠精神逐渐被忽视。

当今世界，凡拥有发达制造业的国家，无不重视工匠精神的培育。德国人素以严谨的工作态度著称。德国的现代化之路，从某种意义上说就是一条技术兴国、制造强国的道路。从本质上来看，支撑这条道路的正是工匠精神。

当前，我国经济发展正处于转型升级的关键期，需要一大批具有工匠精神的"匠人"。基于此，政府和社会要注重通过手机、电视、报纸等新闻媒体对国外职业教育发展经验、国内职业教育发展成果，以及当代优秀年轻工匠的典型事迹进行系列宣传和报道，让公众对工匠精神有全面、深入的认识，营造氛围，逐步打破职业不平等观念，彻底转变 BIM 应用型人才的就业观念，让他们知道自己也是匠人，社会需要工匠精神。

## （二）健全奖励制度，提高职业的受尊重程度

俗话说：三百六十行，行行出状元。从事任何一个职业的人都渴望自己的劳动得到肯定和尊重。但近些年来，我国经济实现了持续快速发展，机器正一步步代替手工，工匠精神逐渐被忽视了，工匠的地位有所下降，致使大多数人不再甘愿做工匠。

工匠也需要外界的肯定。在日本，制造者认为制作出一件优良的产品是自己的荣耀，如果由于自身疏漏而导致产品有缺陷，则是耻辱。这种"荣誉法则"推动很多日本企业数十年如一日专攻一种产品、一门技艺，使其工业制造能力长期处于世界领先地位。

培育工匠精神，需要改善社会文化环境、完善激励制度。良好的社会文化环境应具备"四个崇尚"，即崇尚劳动，尊重生产一线劳动者的劳动；崇尚技能，让技能型人才有地位、有较高收入、有发展前途；崇尚创造，真正的工匠应富有强烈的创造意识；崇尚"十年磨一剑"的理念，摒弃急功近利的思想。

另外，合理的激励制度能够促使 BIM 应用型人才养成精益求精的习惯，最终形成体现工匠精神的行为准则和价值观念。政府相关部门要健全激励政策，对具有工匠精神的高技能人才进行定期奖励，引导人们追求工匠精神。政府还要围绕产业工人的培训、奖励、社会保障等方面建立完善的制度体系，转变"重装备、轻技工，重学历、轻能力，重理论、轻操作"的观念，逐渐形成培育工匠精神的良好土壤。其中，奖励政策可以包括提高工资水平、提高福利待遇和表彰奖励等，也可制定各级各类"万人计划"等匠人拔尖计划，将做出

重大贡献的 BIM 技术人员纳入相关项目，对被纳入其中的 BIM 技术人员进行定期培训，让其享受相关津贴等。通过政策激励，使社会对 BIM 技术人员有一个全新的认识，提高社会对其的尊重程度。

## 二、学校层面

目前，开设 BIM 专业的高校以培养学生的技能为主，对学生职业精神的培育还较为欠缺。在新时代背景下，学校是培育学生工匠精神的主要阵地，学校人才培养体系必须将以工匠精神为核心的职业精神融入其中，并凸显其在文化育人中的中心地位，发挥其育人功能，这不仅是实现制造强国的基本路径，也是产业升级的必然要求，更是当前高等教育要担负的历史使命。想要更好地培养 BIM 专业学生的工匠精神，高校要从以下几方面着手。

### （一）通过思政课提高学生的职业道德观

在高校教育中，思政课和创新创业课是直接改造学生的思想课。在讲授职业道德和职业精神时，学校可以通过教师讲解、学生讨论、举办成功人士讲座等多种方式和方法，加强对学生的思想教育，增强学生的职业意识，既要让学生明白工匠精神的内涵，又要让学生明白工匠精神的价值与作用，要使其理解工匠精神对个人成长和发展的重要意义。这样有利于学生形成良好的心态和积极向上、精益求精的职业态度，从而提高自身的综合素质，促进学生的健康成长。在专业人才短缺的背景下，高校必须把职业道德观念融入思想政治理论课的全过程，将社会主义核心价值观与工匠精神有机结合起来，培养学生的职业道德观念；加强工匠精神教育，把专注、创新、严谨等思想观念融入高校思想政治理论课的教学中，激发学生的学习兴趣。

## （二）在专业教学中融入工匠精神

学生的专业素养不仅包括专业技能，还包括专业精神。因此，BIM 专业课教师应认真思考如何利用专业课增强学生的职业精神，培育其工匠精神。专业精神的养成与否直接决定着学生的专业能力高低，在很大程度上决定了毕业生就业、择业时给用人单位留下的第一印象。所以专业课在考核专业技能的同时，也必须加强对专业精神的考核，将专业精神融入专业课程教学的考核、考评中，用量化、细化的考核细则对其进行评价。

学校是学生学习知识的主要场所，教师是知识的传授者，"师者，所以传道受业解惑也"。教师要充分利用实训课的机会，对学生的专业精神进行全方位的引导教育，通过实训作品的评比，结合工匠精神的内涵，介绍优秀的实训作品；通过潜移默化的方式，让学生感悟工匠精神；通过工匠精神的培养，进一步提升 BIM 应用型人才的专业能力和专业水平。在教学过程中，要形成以专业教育为切入点、以工匠精神教育为辅助的专业教学体系。工匠精神是高级技工的基本素质。高校必须充分认识到这一点，努力成为培养工匠大师的摇篮。就未来的发展来看，高校应坚持教学改革，在教学体系、课程设置、实训练习和顶岗实习等教学环节中融入工匠精神，完善人才培养方案，对学生进行专业化、个性化培养。

## 1.专业课程教学渗透工匠精神

专业课程的教学要兼顾专业和职业特点，专业教师要研究和分析 BIM 专业学生必须具备的职业素养，以就业能力为导向，在专业课程教学的目标、过程和评价等环节渗透工匠精神。在 BIM 知识体系上，特别强调基础、成熟和适用的知识，将工匠精神的培养和专业理论课程教学紧密结合起来，创设职业问题情境，加强职业道德训练，介绍行业发展史、推进小班化教学。

## 2.实践技能训练体验工匠精神

工匠精神培育要和实践教育、技能训练相联系，学生才能深切感受它的价值。要考虑学生的个性特长、专业方向等影响因素，突出个人能力的发展，使学生在精通一门技艺的基础上掌握职业迁移能力。深化实训教学，继续推进与专业相关的校内外生产性实训基地、实训室建设，在日常教学中通过职业角色扮演，从细节中培养学生的职业精神。通过毕业设计、社会实践活动、社会兼职，让学生在劳动过程中不断进行探索创新，为学生搭建更多培育工匠精神的实践平台。

（1）重视课堂实践

充分发挥职业素养、就业指导等课堂的育人主阵地功能，围绕工匠精神设计一系列课内实践教学环节。

（2）丰富校园实践

完善组织管理方式，逐步形成高校教务处、学工部、学校团委等部门协调配合的实践教学工作机制，定期开展以培养学生工匠精神为主题的校内实训基地实践活动。

（3）拓展校外实践

高校要积极争取社会的广泛支持，整合实践教学资源，形成一批相对稳定的校外实践教学基地。通过组织学生定期校外实践，培养学生的工匠精神。此外，工匠精神离不开社会认同，而社会认同离不开为人民服务。高校可组织学生"走出去"，利用本地社区、广场、公园等场所，开展紧贴群众生活的服务活动。

3.现代"学徒"制传递工匠精神

要切实通过现代"学徒"制，组建一支由企业 BIM 专业人员、行业专家、专业教师融合的教学团队，让名师巧匠对学生进行一对一、手把手的指导，在真实的工作环境、任务规则下言传身教，培养学生对职业的敬畏感、对技艺的执着精神；要进一步依托产教联动、校企合作，使学生及早适应企业、社会工作，并通过融入社会的生产实际，培养学生对新设备、新信息、新技术的敏锐度和求知欲；要充分利用好顶岗实习，结合企业和岗位特点，加强职业精神教育，对学生实施动态考核。

（三）通过加强校园文化建设弘扬工匠精神

校园文化环境是融合教育与艺术的一种"会说话"的空间，校园文化则是以全校师生为主体，以校园活动为载体，以校园精神为主要特征的群体性文化。

作为一种教育文化氛围，校园文化是培育工匠精神的有效载体。要在校园文化层面融入工匠精神，通过精神文化、制度文化、物质文化和行为文化建设，帮助学生树立正确的职业理想，让工匠精神真正扎根于大学校园的沃土。

### 1.精神文化建设渗透工匠精神

要通过校训设计活动培育工匠精神，开展校训主题文化活动，深化校风建设，着力推进学校精神塑造工程。要发挥校园文化对工匠精神养成的独特作用，推动优秀产业文化进教育、企业文化进校园、职业文化进课堂，组织具有工匠精神的社会成功人士和优秀校友开展专题报告、经验分享和工作展示，着力推进职业素质养成工程。融入区域文化特点，深化区域人文精神培育；建立文化传播阵地，组织文化讲座、论坛，弘扬传统工匠文化；打造书香校园，建立校内外素质教育基地，丰富培育工匠精神的素质教育特色活动。

### 2.制度文化建设塑造工匠精神

要在日常教育教学过程中，积极引入行业、企业的管理体制和规章制度，将 BIM 有关操作规范和要求张贴在显眼位置，让学生了解并适应企业的管理方式。在制定校规校纪、管理制度、奖惩制度等各项规章制度时，要体现高技能、应用型等职业特点。要通过现代大学制度建设，塑造现代工匠精神。加快推进职业教育治理体系和治理能力现代化，优化内部治理结构，完善符合高等职业教育发展规律同时体现学校特色的大学章程，建立健全各类运行制度，科学、规范、细致、严谨地培养工匠精神。

### 3.物质文化建设传递工匠精神

要借鉴国内外职业教育优秀成果，推进文化交流与共享，讲好工匠故事，传递文化力量。要将行业要素、职业要素融入有形的物质建设中，充分利用条幅、提示板、雕塑、文化长廊等载体，让师生感受工匠精神。要优化文化景观建设，努力形成若干突出工匠精神内涵、体现学校特色、与校园环境相协调的重点景观，让学生切身感受以工匠精神为内核的物质文化的熏陶。

### 4.行为文化建设彰显工匠精神

要精心培育具有学校特色、反映学校师生价值追求的优秀文化活动品牌，努力形成符合广大师生工匠精神养成需求、思想性和艺术性相统一的优秀文化活动体系。推进大型活动精品化、中型活动特色化、小型活动经常化，紧密结合工匠精神培育，建设和发展文体文化。推进仪式活动的形式改进与内容创新，加强向工匠"敬礼"等各类仪式的文化象征意义，发挥仪式的文化育人功能，建设和发展仪式文化。

## 三、企业层面

工匠精神需要在实践中不断养成，企业理应成为培育 BIM 应用型人才工匠精神的土壤。校企要不断探索现代"学徒"制教育教学模式，完善其相应制度，培育工匠精神。

## （一）发挥"师傅"的角色作用

在师徒关系中，"师傅"对"徒弟"的影响是多方面的，主要表现在三个方面：职业生涯、社会心理和角色模范。

职业生涯是指"师傅"在学习上对"徒弟"进行指导，从而对徒弟的职业生涯规划产生一定的影响。在这一过程中，"师傅"在传授技能给"徒弟"的过程中会逐步将工匠精神内化到教育过程中。

社会心理是指"师傅"帮助"徒弟"建立一种身份认同感、胜任力和效力的心理职能。师徒之间往往亦师亦友，"师傅"可以通过在生活中给予"徒弟"认可和关怀来提高"徒弟"的积极性和工作热情，培养"徒弟"认真负责、刻苦钻研的工作态度。

角色模范是指"师傅"的技术专长和职业操守，可以作为"徒弟"的模范和榜样。

## （二）完善顶岗实习考核

要发挥企业工匠精神的育人功能，企业要不断完善学生顶岗实习制度，将学生的知识技能与职业素质表现考查相结合，注重对学生工匠精神等职业素质的考查，重点考查学生对工作是否有认真负责，强调精益求精、独具匠心的精神及刻苦钻研、学而不倦的工作作风。

# 参 考 文 献

［1］BIM 技术人才培养项目辅导教材编委会.BIM 电力专业基础知识与操作实务［M］.北京：中国建筑工业出版社，2018.

［2］陈辉，王东，吴永春.BIM 应用技术基础［M］.长沙：湖南师范大学出版社，2019.

［3］陈建伟，苏幼坡.装配式结构与建筑产业现代化［M］.北京：知识产权出版社，2016.

［4］陈年和.高职教育建筑工程技术专业人才培养体系创新与实践［M］.南京：南京大学出版社，2018.

［5］丁源，卫武学，王佩等.智慧建造概论［M］.北京：北京理工大学出版社，2018.

［6］董颖.基于"1+X"证书制度的中职建筑 BIM 人才培养路径探究［J］.科技视界，2021（35）：135-136.

［7］冯小平，章丛俊.BIM 技术及工程应用［M］.北京：中国建筑工业出版社，2017.

［8］高华，施秀凤.BIM 应用教程［M］.武汉：华中科学技术大学出版社，2020.

［9］工业和信息化部教育与考试中心.BIM 建模工程师教程［M］.北京：机械工业出版社，2019.

[10] 工业和信息化部教育与考试中心.造价 BIM 应用工程师教程[M].北京：机械工业出版社，2020.

[11] 龚剑.工程建设企业 BIM 应用指南[M].上海：同济大学出版社，2018.

[12] 郭红兵，王占锋，张本平.产教融合 校企合作 高校建筑类特色专业群建设的研究与实践[M].北京：北京理工大学出版社，2021.

[13] 胡玫.高职院校工程造价专业 BIM 人才培养模式分析[J].四川水泥,2019（10）：226-227.

[14] 胡小玲，郭杨陈萍.BIM 建模与设计[M].长沙：湖南大学出版社，2019.

[15] 黄立营，娄志刚.建筑装饰专业教育教学改革论纲[M].南京：东南大学出版社，2017.

[16] 姜晨光.BIM 技术与应用[M].北京：中国建材工业出版社，2020.

[17] 姜梦阳.工程管理中的 BIM 与 BIM 人才培养[J].湖北经济学院学报（人文社会科学版），2020，17（4）：62-64.

[18] 蒋耿民，贾虎，郑文豫，等.以全面育人为导向的高校 BIM 人才培养模式探讨[J].科技与创新，2020（20）：42-43+45.

[19] 鞠炼，王怡人，徐金妹.产教融合背景下应用型本科院校 BIM 人才培养路径研究：以常州大学怀德学院为例[J].科技经济导刊，2020（15）：155.

[20] 蓝美珍.基于"1+X"证书制度的高职建工专业 BIM 人才培养策略[J].魅力中国，2021（42）：202-203.

[21] 雷江，安雪玮.BIM 应用能力培养[M].重庆：重庆大学出版社，2018.

[22] 雷凯，张小仓，范银龙，等.新时期施工企业 BIM 人才培养模式研究[J].

工程技术研究，2020，5（21）：215-216.

[23] 李建.多专业协同模式下的 BIM 人才培养模式探讨[J].智库时代，2020（18）：94-96.

[24] 李玮晨.高职院校工程造价专业 BIM 人才培养模式研究[J].现代职业教育，2018（23）：192.

[25] 李彦苍,赵捷,李毅杰.基于 BIM 技术的住宅产业化及相关课程研究[M].北京：科学出版社，2017.

[26] 林建昌.智能建造背景下高职土建类专业 BIM 人才培养的探索与实践[J].河北职业教育，2021，5（6）：27-31.

[27] 刘帮，刘建军，沈永桥，等.浅谈施工企业 BIM 人才培养与存在的问题[J].黑河学刊，2019（2）：24-25.

[28] 刘荣桂，周佶，周建亮.BIM 技术及应用[M].北京：中国建筑工业出版社，2017.

[29] 刘伟，马翠玲，王艳丽，等.土木与工程管理概论[M].郑州：黄河水利出版社，2018.

[30] 刘潇，刘燕丽，冯宁，等.基于协同育人体系的城建类 BIM 人才培养的实践与创新[J].现代职业教育，2020（49）：94-95.

[31] 刘欣，元爽.CAD\BIM 技术与应用[M].北京：北京理工大学出版社，2021.

[32] 刘鑫，姜雨佳.基于"多专业协同"的 BIM 人才培养模式实践性研究[J].建材与装饰，2020（33）：139-140.

[33] 刘占省，孟凡贵.BIM 项目管理[M].北京：机械工业出版社，2018.

[34] 刘占省，赵雪锋，王琦，等.BIM 基本理论[M].北京：机械工业出版社，2019.

[35] 柳琼.民族复兴"中国梦"视角下学校学校"工匠精神"传承与发展[M].成都：电子科技大学出版社，2018.

[36] 吕桂林.建筑设计与 BIM 建模[M].成都：电子科技大学出版社，2020.

[37] 欧阳婷，刘锋涛.应用型本科工程管理专业 BIM 人才培养模式研究[J].发明与创新（职业教育），2019（9）：103.

[38] 佘洁卿.基于 OBE 的工程管理专业 BIM 人才培养方法[J].黑河学院学报，2019，10（9）：55-57.

[39] 谭正清，夏念恩，汪耀武.地基与基础工程施工[M].成都：电子科技大学出版社，2016.

[40] 王彩华，刘晓燕，吴剑锋.土建类专业 BIM 人才培养模式研究[J].经济研究导刊，2021（1）：126-129.

[41] 王飞，胡亚欣.基于新工科建设土建类多学科协同 BIM 人才培养与研究策略[J].河北工程大学学报（社会科学版），2020，37（2）：125-129.

[42] 王姝雅，王轶姝.新形势下高校 BIM 人才培养模式探究：以哈尔滨远东理工学院为例[J].福建建筑，2020（6）：113-116.

[43] 王帅.BIM 应用与建模技巧初级篇[M].天津：天津大学出版社，2018.

[44] 王弯弯，王紫旭.高职院校工程造价专业 BIM 人才培养模式研究[J].魅力中国，2020（44）：379-380.

[45] 王晓青，王钟箐，罗文剀，等.基于 BIM 人才培养的《安装工程识图》教学改革[J].大众科技，2018，20（10）：89-90+110.

[46] 王岩，刘继胜.建筑行业的信息化革命 论 BIM 技术在不同项目参与方中的应用[M].成都：电子科学技术大学出版社，2018.

[47] 王钰，王玮萍.我国 BIM 的人才培养方案研究与建议[J].课程教育研究，2017（8）：3-4.

[48] 吴慕辉，马朝霞.土木工程制图与 CAD/BIM 技术[M].北京：化学工业出版社，2017.

[49] 肖本林，贺行.土木建设与环境教育改革理论及实践 2016[M].北京：测绘出版社，2016.

[50] 肖航，何继坤，刘芳.基于"1+X"证书制度 BIM 人才培养模式研究[J].品位·经典，2022（8）：93-95+116.

[51] 肖艳.重庆工商大学 BIM 人才培养的实践创新[J].教育现代化，2019（79）：31-33.

[52] 肖跃文.BIM 人才培养研究[J].商场现代化，2015（28）：116-117.

[53] 辛雯."互联网+"背景下基于虚拟技术的土建类 BIM 人才培养探究[J].科教导刊（电子版），2019（24）：2.

[54] 薛立，金益民.建筑工程与房地产[M].北京：世界图书出版公司，2017.

[55] 闫志刚，王鹏，李瑞贤.现代学徒制背景下装配式建筑 BIM 人才培养研究[J].产业科技创新，2020（15）：127-128.

[56] 杨梅.工作坊模式下的 BIM 人才培养研究[J].教育信息化论坛，2021（3）：

99-100.

[57]　张程.多维视角下艺术设计理论发展与人才培养模式研究[M].北京：冶金工业出版社，2019.

[58]　张洪尧，谭晓燕.基于 1+X 证书制度的 BIM 人才培养模式研究[J].山西建筑，2020，46（23）：181-182+187.

[59]　张静晓，谢海燕，樊松丽，等.BIM 管理与应用[M].北京：人民交通出版社，2017.

[60]　张静晓著.工程管理专业 BIM 教育研究 理论框架与实践[M].北京：中国建筑工业出版社，2018.

[61]　赵全斌.土木工程 BIM 技术应用[M].北京：中国建筑工业出版社，2020.

[62]　赵伟，孙建军.BIM 技术在建筑施工项目管理中的应用[M].成都：电子科技大学出版社，2019.

[63]　赵占军.校企合作新征程 石家庄职业技术学院建工系系级建设探索与实践[M].石家庄：河北教育出版社，2016.

[64]　郑欢.基于财经类高校工程管理专业特色的 BIM 人才培养思考[J].科技创新导报，2018，15（24）：200-201.

[65]　邹佳岑.1+X 证书制度背景下 BIM 人才培养模式研究与实践[J].商品与质量，2021（17）：337+381.